# BLOCKAGE OF RESERVOIR OUTLET STRUCTURES BY FLOATING DEBRIS

# BLOCAGE DES ÉVACUATEURS DE CRUE, PRISES D'EAU ET VIDANGES DE FOND PAR LES CORPS FLOTTANTS

The production of this Bulletin is a joint effort by the Committees on Hydraulics for Dams and on Dams and Floods to pool resources in producing an overview of the state of the art, latest research and industry developments relating to the subject of blockage of spillways, intakes and bottom outlets by floating debris. The topic is of common interest to both committees as the risks involved can be significant, potentially leading to partial or complete loss of hydraulic functionality or even to dam failure with far reaching public safety and economic consequences. A number of previous bulletins have addressed some of these issues in a range of different ways as outlined in the following paragraphs but none of them was specifically dedicated to this rather complex subject. This Bulletin therefore aims to fill this gap by further improving the awareness of the impact of blockage by floating debris on the economy and safety of reservoir projects and by providing practical guidance on the evaluation and management of the risk of blockage. In particular, it updates the topic by dealing in further detail with the relevant processes within the catchment, in the river basin and through the reservoir, while discussing the various methods and best practice techniques for floating debris characterisation and measures for blockage mitigation. In addition, the Bulletin discusses the uncertainties and residual risks associated with the current practices of dealing with floating debris and highlights areas where further research and development would be required.

La production de ce Bulletin est un effort conjoint des Comités sur l'Hydraulique des Barrages et sur les Barrages et les Inondations pour mettre en commun les ressources afin de produire une vue d'ensemble de l'état de l'art, des dernières recherches et des développements industriels relatifs au sujet du blocage des évacuateurs de crue, des prises d'eau et des vidanges de fond par des débris flottants. Le sujet est d'intérêt commun pour les deux comités car les risques encourus peuvent être significatifs, menant potentiellement à une perte partielle ou complète de la fonctionnalité hydraulique ou même à la rupture du barrage avec des conséquences économiques et de sûreté publique majeures. Un certain nombre de bulletins précédents ont abordé quelques-unes de ces questions de différentes manières, comme indiqué dans les paragraphes suivants, mais aucun d'entre eux n'était spécifiquement consacré à ce sujet plutôt complexe. Le présent bulletin vise donc à combler cette lacune en améliorant la conscience de l'impact du blocage par des débris flottants sur l'économie et la sûreté des projets de réservoirs et en fournissant des conseils pratiques sur l'évaluation et la gestion du risque de blocage. En particulier, il met à jour le sujet en traitant plus en détail les processus pertinents dans le bassin versant, dans le lit des cours d'eau et à travers le réservoir, tout en discutant les différentes méthodes et techniques pour mieux caractériser les débris flottants et les mesures d'atténuation de leurs effets négatifs. En outre, le Bulletin aborde les incertitudes et les risques résiduels associés aux pratiques actuelles de traitement des débris flottants et met en évidence les domaines dans lesquels des recherches et des développements supplémentaires seraient nécessaires.

# BLOCKAGE OF RESERVOIR OUTLET STRUCTURES BY FLOATING DEBRIS

# BLOCAGE DES ÉVACUATEURS DE CRUE, PRISES D'EAU ET VIDANGES DE FOND PAR LES CORPS FLOTTANTS

**B 176**

I0131854

INTERNATIONAL COMMISSION ON LARGE DAMS
COMMISSION INTERNATIONALE DES GRANDS BARRAGES
6 Quai Watier – 78400 Chatou (France)
http://www.icold-cigb.org

Cover illustration: Mbashe River 30 m high hydropower diversion weir, with a 1.4 km long tunnel to the Colley Wobbles hydro-electric power station (42 MW), commissioned in 1985, owned by Eskom, South Africa. The original storage capacity of the diversion weir of 9 million m3 was mostly silted up within 2 years after commissioning.

Couverture: Déversoir de dérivation hydroélectrique de 30 m de haut de la rivière Mbashe, avec un tunnel de 1,4 km de long vers la centrale hydroélectrique de Colley Wobbles (42 MW), mise en service en 1985, appartenant à Eskom, Afrique du Sud. La capacité de stockage initiale du déversoir de dérivation de 9 millions de m3 a été en grande partie ensablée dans les deux ans qui ont suivi la mise en service.

CRC Press/Balkema is an imprint of the Taylor & Francis Group, an informa business

© 2026 ICOLD/CIGB, Paris, France

Typeset by codeMantra

Published by: CRC Press/Balkema
Schipholweg 107C, 2316 XC Leiden, The Netherlands
e-mail: Pub.NL@taylorandfrancis.com
www.routledge.com – www.taylorandfrancis.com

For Product Safety Concerns and Information please contact our EU representative GPSR@taylorandfrancis.com. Taylor & Francis Verlag GmbH, Kaufingerstraße 24, 80331 München, Germany.

Original text in English
Layout by Nathalie Schauner

Texte original en anglais
Mise en page par Nathalie Schauner

ISBN: 9781032871486 (Pbk)
ISBN: 9781003544036 (eBook)

# COMMITTEE ON HYDRAULICS FOR DAMS AND THE COMMITTEE ON DAMS AND FLOODS

## SUB-COMMITTEE ON BLOCKAGE OF SPILLWAYS AND OUTLET WORKS /

## COMITE HYDRAULIQUE DES BARRAGES ET COMITE SUR LES BARRAGES ET LES INNONDATIONS

## SOUS-COMITE SUR L'OBSTRUCTION DES EVACUATEURS ET DES PERTUIS

Initially, this bulletin was foreseen as an additional chapter of the Bulletin 172 on "Technical Advancements in Spillway Design - Progress and Innovations from 1985 to 2015" dedicated to the discussion of Debris and High Sediment Flow in Spillway Operation. Due to the importance of the topic, it was decided to prepare a separate bulletin by a Sub-Committee composed of members of the Committee on Hydraulics for Dams and the Committee on Dams and Floods, since the latter worked also on the question.

The sub-committee was composed of the following members:

Initialement, ce bulletin devait être un chapitre additionnel, dédié aux corps flottants et aux écoulements à forte charge sédimentaire, du bulletin 172 sur « les avancées techniques dans le dimensionnement des évacuateurs de crue – progrès et innovations de 1985 à 2015 ». Considérant l'importance du sujet, il a été décidé qu'un sous-comité, composé de membres du comité sur l'hydraulique des barrages et du comité sur les barrages et les inondations, étant donné que ce dernier travaillait aussi sur la question, prépare un bulletin en propre.

Le sous-comité était composé des membres suivants :

*Chairman*
Robert (Bob) J WARK | Australia

*Vice Chairman*
Kit Ng | United States of America

*Members*

| | |
|---|---|
| Sam Hui | United States of America |
| Robert Swain | United States of America |
| Randy Graham | United States of America |
| Viktor Pavlov | United Kingdom |
| Frederic Laugier | France |
| Brasil Machado | Brazil (Chairman Commitee C) |

Texte original en anglais
Mise en page par Nathalie Schauner

ISBN 978-1-032-87148-6 (PDF)
ISBN 978-1068-4936 (eBook)

COMMITTEE ON HYDRAULICS FOR DAMS AND THE COMMITTEE ON DAMS
AND FLOODS

SUB-COMMITTEE ON BLOCKAGE OF SPILLWAYS AND OUTLET WORKS

COMITÉ HYDRAULIQUE DES BARRAGES ET COMITÉ SUR LES BARRAGES
ET LES INONDATIONS

| SOMMAIRE | CONTENTS |
|---|---|

# TABLE DES MATIERES

# TABLE OF CONTENTS

# TABLEAUX & FIGURES

# TABLES & FIGURES

# REMERCIEMENTS

Nous remercions le Dr Lukas Schmocker et le professeur Robert Boes de l'Institut de Technologie Fédéral Suisse de Zürich (ETHZ-VAW) pour leur rôle dans, respectivement, l'estimation de la quantité des corps flottants et l'impact sur la capacité d'évacuation des évacuateurs de crue et sur la sûreté en cas de blocage. Des remerciements particuliers vont aux membres du comité C sur l'hydraulique des barrages Viktor Pavlov et Prof. Anton Schleiss (président du comité C) pour leur aide à la relecture finale et à l'édition de ce bulletin.

# ACKNOWLEDGEMENTS

The role of Dr. Lukas Schmocker and Prof Robert Boes of the Swiss Federal Institute of Technology, Zurich (ETHZ-VAW) on the quantification of Floating Debris and on the Impact of blockage on spillway discharge capacity and dam safety, respectively, is acknowledged and special thanks go to the members of the Committee on Hydraulics for Dams Viktor Pavlov and Prof. Anton Schleiss (Chairman Committee C) for their help with the final review and editing of this bulletin.

# 1. INTRODUCTION

## 1.1. OBJET

La production de ce Bulletin est un effort conjoint des Comités sur l'Hydraulique des Barrages et sur les Barrages et les Inondations pour mettre en commun les ressources afin de produire une vue d'ensemble de l'état de l'art, des dernières recherches et des développements industriels relatifs au sujet du blocage des évacuateurs de crue, des prises d'eau et des vidanges de fond par des débris flottants. Le sujet est d'intérêt commun pour les deux comités car les risques encourus peuvent être significatifs, menant potentiellement à une perte partielle ou complète de la fonctionnalité hydraulique ou même à la rupture du barrage avec des conséquences économiques et de sûreté publique majeures. Un certain nombre de bulletins précédents ont abordé quelques-unes de ces questions de différentes manières, comme indiqué dans les paragraphes suivants, mais aucun d'entre eux n'était spécifiquement consacré à ce sujet plutôt complexe. Le présent bulletin vise donc à combler cette lacune en améliorant la conscience de l'impact du blocage par des débris flottants sur l'économie et la sûreté des projets de réservoirs et en fournissant des conseils pratiques sur l'évaluation et la gestion du risque de blocage. En particulier, il met à jour le sujet en traitant plus en détail les processus pertinents dans le bassin versant, dans le lit des cours d'eau et à travers le réservoir, tout en discutant les différentes méthodes et techniques pour mieux caractériser les débris flottants et les mesures d'atténuation de leurs effets négatifs. En outre, le Bulletin aborde les incertitudes et les risques résiduels associés aux pratiques actuelles de traitement des débris flottants et met en évidence les domaines dans lesquels des recherches et des développements supplémentaires seraient nécessaires.

## 1.2. APERÇU DES PRÉCÉDENTS BULLETINS ET AUTRES DIRECTIVES DE LA CIGB

### 1.2.1. Bulletin 58 : Évacuateurs de crue de barrages

Ce bulletin mentionne brièvement les risques posés par l'envasement sur le fonctionnement des déversoirs immergés, en soulignant la nécessité de prendre des précautions particulières pour les protéger contre le blocage. Le document traite de la conception des vannes pour évacuer les sédiments par des courants de densité ou par une opération de chasse lorsque le niveau du réservoir est bas et fournit deux exemples de dispositifs spéciaux de dégrillage et de chasse.

Il souligne également l'importance du risque de blocage des déversoirs, des prises submergées et même des vidanges de fond par des débris flottants, en se référant au barrage de Palagnedra (Suisse) où toutes les structures de décharge ont été complètement bloquées lors de la crue de 1978, entraînant la surverse du barrage. Le bulletin mentionne très brièvement les mesures d'atténuation possibles, comme la mise en place de grilles suffisamment hautes (permettant leur nettoyage depuis la surface) et le maintien des vannes profondes à une hauteur élevée par rapport au fond de la rivière. Le document souligne également le risque lié aux débris immergés, que les barrages flottants ne peuvent empêcher de bloquer les grilles d'entrée et les vidanges de fond.

Le bulletin présente des exemples de problèmes d'abrasion de déversoirs et de vidanges de fond par la charge sédimentaire et met en évidence diverses mesures de protection et d'atténuation de l'abrasion.

# 1. INTRODUCTION

## 1.1. PURPOSE

The production of this Bulletin is a joint effort by the Committees on Hydraulics for Dams and on Dams and Floods to pool resources in producing an overview of the state of the art, latest research and industry developments relating to the subject of blockage of spillways, intakes and bottom outlets by floating debris. The topic is of common interest to both committees as the risks involved can be significant, potentially leading to partial or complete loss of hydraulic functionality or even to dam failure with far reaching public safety and economic consequences. A number of previous bulletins have addressed some of these issues in a range of different ways as outlined in the following paragraphs but none of them was specifically dedicated to this rather complex subject. This Bulletin therefore aims to fill this gap by further improving the awareness of the impact of blockage by floating debris on the economy and safety of reservoir projects and by providing practical guidance on the evaluation and management of the risk of blockage. In particular, it updates the topic by dealing in further detail with the relevant processes within the catchment, in the river basin and through the reservoir, while discussing the various methods and best practice techniques for floating debris characterisation and measures for blockage mitigation. In addition, the Bulletin discusses the uncertainties and residual risks associated with the current practices of dealing with floating debris and highlights areas where further research and development would be required.

## 1.2. OVERVIEW OF PREVIOUS ICOLD BULLETINS AND OTHER GUIDELINES

### 1.2.1. Bulletin 58: Spillways for Dams

The bulletin briefly mentions the risks posed by siltation on the operation of submerged spillways, highlighting the need to take special precautions to protect them against becoming blocked. The document discusses designing sluices to discharge sediments through density currents or flushing operation at low reservoir level and provides two examples of special screening and flushing arrangements.

It also highlights the significance of the risk of blockage of spillways, submerged intakes and even bottom outlets by floating debris, referring to the Palagnedra Dam (Switzerland) where all outlet structures were completely jammed during the 1978 flood resulting in the dam overtopping. The bulletin very briefly mentions possible mitigation measures such as providing sufficiently high screens (allowing them to be cleaned from the surface) and keeping the deep sluices high above river bottom. The document also highlights the risk associated with waterlogged debris, which cannot be prevented by trash booms from blocking inlet screens and bottom outlets.

The bulletin has examples of the problems of abrasion of spillways and bottom outlets from bed or sediment loads and highlights various abrasion protection and mitigation measures.

### 1.2.2. Bulletin 119 : Réhabilitation des barrages et des ouvrages annexes

Le bulletin aborde brièvement le problème commun de l'obstruction des déversoirs et des pertuis de fond par des débris, en soulignant la nécessité d'inspections visuelles subaquatiques pour détecter tout blocage. Il mentionne les conséquences néfastes de l'obstruction, en présentant à nouveau le cas du barrage de Palagnedra comme exemple. En particulier, il souligne que :

- le fonctionnement peu fréquent des pertuis de fond peut contribuer à l'accumulation de limon et de débris à proximité et donc aux problèmes de blocage qui en résultent lors de leur utilisation ;

- les vannes papillon et les vannes à jet creux sont plus sujettes aux blocages que les vannes à guillotine ;

- il existe un risque de coincement des grumes et d'accumulation de limon au niveau des vannes et des rainures à batardeaux.

Le bulletin aborde brièvement les mesures de réhabilitation possibles contre les blocages, notamment l'élimination des sédiments près de la prise d'eau par dragage et les mesures de gestion du bassin versant. La probabilité que des barrages naturels de bois flotté se forment dans le bassin versant et soient ensuite rompus, provoquant ainsi une libération soudaine d'eau et de débris, est soulignée.

### 1.2.3. Bulletin 162 : L'interaction des processus hydrauliques et des réservoirs : gestion des impacts par la construction et l'exploitation ; impacts en aval des grands barrages.

Le bulletin aborde les mesures visant à minimiser l'érosion dans le bassin versant amont ainsi que les moyens de faire transiter les sédiments à travers les réservoirs et l'atténuation de leur accumulation. Une section traitant du contrôle des débris flottants passe en revue le type et l'origine des débris, les facteurs régissant la quantité de débris produits et l'effet des débris sur les prises d'eau, les grilles et les déversoirs. Elle présente ensuite sept cas concrets de déversoirs obstrués ou endommagés et de grilles obstruées. Elle aborde également les différents modes de transport des débris dans les cours d'eau et le transport des débris à travers les structures de contrôle.

Le document passe en revue les différents essais sur modèle réduit modélisant les corps flottants approchant des évacuateurs. Il fournit ensuite des conseils sur les dimensions des évacuateurs et des pertuis pour permettre le passage d'arbres isolés. Cependant, il souligne que les résultats ne sont pertinents que pour le passage d'arbres de l'espèce utilisée dans les essais sur modèle. Il conclut que d'autres espèces d'arbres de tailles, de formes et de résistances différentes nécessitent des études séparées. Le bulletin énumère également brièvement les contre-mesures possibles pour atténuer le risque d'obstruction par des débris.

### 1.2.4. Bulletin 172 : Avancées techniques dans la conception des évacuateurs de crue - Progrès et innovations de 1985 à 2015

Ce bulletin propose une brève discussion sur l'effet des débris flottants sur le fonctionnement des déversoirs en labyrinthe et en touches de piano en abordant la probabilité de blocage et l'augmentation du niveau d'eau dans le réservoir qui en résulte (Pfister et al., 2013, 2015).

### 1.2.5. Autres lignes directrices

Des lignes directrices spécifiques pour le traitement des corps flottants dans les réservoirs ont été récemment produites dans certains pays, compte tenu des risques importants qu'ils représentent pour la sécurité des barrages. Les dernières lignes directrices produites aux États-Unis (2016), en Suède (2017) et en Suisse (2017) sont brièvement présentées ci-dessous.

### 1.2.2. Bulletin 119: Rehabilitation of Dams and Appurtenant Works

The bulletin briefly discusses the common problem of obstruction of overflows and low-level outlets by debris highlighting the need for visual diver inspections to detect any blockages. It mentions the adverse consequences of blockage, presenting once again the Palagnedra dam case as an example. In particular, it highlights that:

- infrequent operation of low outlets may contribute to the accumulation of silt and debris near the outlet and resulting blockage problems.

- butterfly valves and cone valves are more prone to blockages than gate valves and

- there is a risk of logs being caught and silt accumulating at gates and stop log slots.

The bulletin briefly discusses possible rehabilitation measures against blockage, including the removal of sediments near the intake by dredging and management of the catchment. The likelihood of natural dams of driftwood forming within the catchment and subsequently being breached, thus causing a sudden release of water and debris, is highlighted.

### 1.2.3. Bulletin 162: The interaction of hydraulic processes and reservoir management of impacts through construction and operation downstream impacts of large dams

The bulletin discusses measures to minimise erosion in the upper watershed as well as ways to pass sediments through reservoirs and mitigation of their accumulation. There is also a section dealing with the control of floating debris. This section provides a review of the type and origin of debris, the factors governing the amount of debris produced and the effect of debris on intakes, trash racks and spillways. It then presents seven case histories of clogged or damaged spillways and blocked trash screens. It also discusses the different modes of river transport of debris and the debris transport through control structures.

The document provides a review of the different model testing carried out for floating material approaching spillways. It then provides guidance on the dimensions of spillways and lower outlets to allow the passage of single trees. However, it highlights that the results are relevant only to passage of trees of the species used in the model tests. It concludes that other species of tree with different sizes, shapes and strengths require separate investigations. The bulletin also briefly lists the possible counter measures to mitigate the risk of blockage by debris.

### 1.2.4. Bulletin 172: Technical advancements in spillway design - Progress and Innovations from 1985 to 2015

The bulletin offers a brief discussion of the effect of floating debris on the operation of labyrinth and piano key weirs by addressing the probability of blocking and the resulting water level increase in the reservoir (Pfister et al., 2013, 2015).

### 1.2.5. Other Guidelines

Specific guidelines for dealing with floating debris at reservoirs have been recently produced in some countries in acknowledgement of the significant risks that they pose to dam safety. The latest guidelines produced in the USA (2016), Sweden (2017) and Switzerland (2017) are briefly discussed below.

*Gestion des corps flottants dans les réservoirs, USBR, Bureau de la recherche et du développement Programme scientifique et technologique, septembre 2016.*

Ce rapport se concentre principalement sur les nouvelles technologies développées pour gérer les débris ligneux aux grilles de prise ou d'ouvrage d'évacuation. Il met en évidence les limites des options actuelles de gestion des débris qui ne sont pas nécessairement applicables aux débris immergés saturés (gorgés d'eau). Le rapport souligne les avantages des mesures de prévention d'apparition et transfert vers l'aval des débris qui sont plus durables et éviteraient aux propriétaires de barrages d'avoir à rénover les infrastructures d'évacuation.

*Méthodologie pour l'analyse et la gestion des corps flottants aux barrages et réservoirs, Energiforsk, octobre 2017.*

Ce rapport fournit une méthodologie pour analyser la vulnérabilité des barrages aux corps flottants et pour sélectionner et hiérarchiser les mesures d'atténuation appropriées en tenant compte de la vulnérabilité des installations présentes en amont et en aval.

La méthodologie présentée consiste en l'évaluation de trois composantes principales, à savoir : le potentiel de formation de corps flottants, le potentiel de leur transport vers la structure hydraulique et le risque de son blocage.

*Débris flottants aux déversoirs des barrages-réservoirs, Comité suisse des barrages, novembre 2017.*

Le rapport résume l'état actuel, au niveau international, des lignes directrices et des pratiques de traitement des débris aux barrages et fournit des recommandations sur les aspects suivants :

- Évaluation des évacuateurs de barrage en ce qui concerne le potentiel de danger des débris flottants ;

- Estimation de la probabilité de blocage ;

- Méthodes de traitement des débris aux barrages, y compris les mesures prises dans le bassin versant, la rétention/enlèvement des débris, le passage vers l'aval des débris et les mesures d'exploitation.

Le rapport propose un diagramme pour l'évaluation des dangers que représentent les débris flottants pour les barrages et leurs évacuateurs dont il est question dans la section 5 (Évaluation et gestion du risque de blocage). Il présente également sept études de cas en Suisse, en Allemagne et en Autriche illustrant les problèmes posés par les corps flottants et les solutions adoptées.

*Impact des débris ligneux sur les évacuateurs de barrage dans des conditions extrêmes, Office fédéral de l'énergie (OFEN), novembre 2019, résumé par Bénet et al. (2020) et Pfister et al. (2020).*

Ce rapport complète le rapport précité du comité suisse des barrages. Des études systémiques et paramétriques sur modèle physique ont été réalisées, afin d'analyser correctement l'effet des bois flottants sur la charge hydraulique en amont d'un déversoir standard équipé de piles. Dans les expériences menées, seul un volume extrême de bois flottant arrivant instantanément au déversoir a été testé, présentant un scénario extrême. Des mesures d'atténuation, telles qu'un masque en amont ou des piles prolongées vers l'amont, ont également été testées.

## 1.3. CHAMP D'APPLICATION ET LIMITES

Le champ d'application de ce bulletin consiste à :

- Améliorer la conscience de l'impact du blocage par des débris flottants sur l'économie et la sûreté des projets de réservoirs ;

- Fournir des conseils sur la caractérisation des corps flottants ;

*Reservoir Debris Management, USBR, Research and Development Office Science and Technology Program, September 2016*

This report primarily focuses on the available new technologies developed to manage woody debris at grated outlet works intakes. It highlights the limitations of the current debris management options which are not necessarily applicable to saturated (waterlogged) submerged debris. The report emphasises the merits of the debris prevention and conveyance management options which are more sustainable and would prevent dam owners from the burden of retrofitting outlet infrastructure.

*Methodology for Analysing and Managing Floating Debris at Dams and Reservoirs, Energiforsk, October 2017*

The report provides a methodology for analysing the dam vulnerability to floating debris and for selecting and prioritising suitable mitigation measures considering the vulnerability of any upstream and downstream facilities.

The methodology presented consists of the assessment of three main components, namely: potential for formation of floating debris, potential for their transport to the respective hydraulic structure and potential for its blockage.

*Floating Debris at Reservoir Dam Spillways, Swiss Committee on Dams, November 2017*

The report summarises the current international status of guidelines and debris handling practices at dams and provides recommendations on the following aspects:

- Assessment of dam spillways with regards to the hazard potential of floating debris;

- Estimation of blocking probability;

- Methods of dealing with debris at dams, including measures taken in the catchment area, debris retention/removal, debris passage and operational measures.

The report recommends a diagram for assessing the hazards posed by floating debris to dams and their spillways referred to in Section 5, Evaluation and management of the risk of blockage. It also provides seven case studies from Switzerland, Germany and Austria illustrating the problems posed by floating debris and the solutions adopted.

*Impact of wooden debris on dam spillways under extreme conditions, Swiss Federal Office of Energy (OFEN), November 2019, summarized by Bénet et al. (2020) and Pfister et al. (2020).*

This report completes the aforementioned report of the Swiss Committee on Dams. Systemic and parametrical studies on a physical model were carried out, to properly analyse the effect of driftwood on the head upstream of a standard weir equipped with piers. In the conducted experiments, only an extreme volume of driftwood arriving instantly at the spillway was tested, presenting an extreme scenario. Mitigating measures, such as upstream rack or extended piers towards upstream, were also tested.

## 1.3.    SCOPE AND LIMITATIONS

The scope of this Bulletin is to:

- Improve awareness of the impact of blockage by floating debris on the economy and safety of reservoir projects;

- Provide guidance on the floating debris characterisation;

- Fournir des conseils sur l'évaluation et les stratégies de gestion du risque de blocage ;

- Dresser la liste des méthodes et des techniques de bonne pratique actuellement disponibles pour l'atténuation du blocage par les corps flottants tout en en soulignant les incertitudes, les risques résiduels et les recherches complémentaires nécessaires ;

- Fournir des informations sur les recherches en cours et les travaux supplémentaires requis en la matière.

Les questions suivantes sont exclues du champ d'application du présent bulletin :

- L'estimation du taux de transport de corps flottants vers les évacuateurs/la prise d'eau/vidange de fond ;

- L'évaluation de la probabilité d'occurrence de différents niveaux d'obstruction des évacuateurs, ou de la probabilité conjointe d'occurrence d'une crue extrême et d'un niveau spécifique d'obstruction des évacuateurs.

- Provide guidance on the evaluation and strategies for management of the risk of blockage;

- List the methods and currently available best practice techniques for floating debris blockage mitigation while highlighting the relevant uncertainties, residual risks and further work required;

- Provide information on any ongoing investigations and further work required relating to this subject.

Excluded from the scope of this bulletin are the following issues:

- Quantification of the rate of transport of floating debris to the spillway/intake/outlet structure;

- Evaluation of the probability of the occurrence of different degrees of blockage of spillways, or the joint probability of the occurrence of an extreme flood and specific degree of spillways blockage.

## 2.    CARACTÉRISATION DES DÉBRIS FLOTTANTS

### 2.1.    TYPE ET ORIGINE

Les débris flottants trouvés dans les réservoirs peuvent être d'origine naturelle, artificielle ou résulter d'autres activités humaines. Les débris naturels comprennent généralement : de l'herbe, des buissons, des branches d'arbres, des troncs d'arbres, des mottes de racines ou des arbres entiers, des tourbières flottantes et des radeaux de roseaux, de joncs et d'autres plantes aquatiques, des carcasses, des matériaux provenant de barrages de castors, de la glace, etc. Les débris flottants issus de l'industrie manufacturière peuvent comprendre du bois, des produits en plastique et en caoutchouc ou des déchets de formes diverses, y compris des bateaux entiers, des voitures accidentées ou même des maisons en bois. Les activités agricoles (balles d'ensilage), les décharges sauvages, les parcs et les belvédères à proximité des routes, des berges et des réservoirs peuvent également être à l'origine de débris flottants. De même, des débris végétaux peuvent être laissés sur place lors de la coupe du bois et des opérations d'exploitation forestière.

Ces débris peuvent se retrouver dans les réservoirs lors de violents orages après avoir été extraits et emportés par les eaux de crue ou dispersés par le vent. Les barrages naturels de bois flotté qui se forment dans le bassin versant et qui sont ensuite rompus, peuvent également provoquer une libération soudaine d'eau et de débris. Les principaux mécanismes par lesquels les débris pénètrent dans les cours d'eau et les réservoirs sont examinés plus en détail dans la section 2.3.

Comme le bois reste dans l'eau, il peut se gorger d'eau et donc être submergé. Les débris plastiques ou les débris enchevêtrés dans des sacs plastiques peuvent également être submergés, comme le souligne le Bulletin 119 de la CIGB (CIGB, 2000). Certains débris flottants tels que les tourbières et les roseaux (joncs), ainsi que les plastiques ou autres débris peuvent avoir tendance à former des îles flottantes. Ces questions, ainsi que d'autres qui s'y rapportent, ont également été abordées en détail dans le bulletin 162 de la CIGB (CIGB, 2010). Les photographies suivantes (Fig. 2.1 à Fig. 2.4) montrent certains types de débris flottants pouvant se retrouver dans les réservoirs.

Fig. 2.1
Radeaux flottants de joncs au barrage de dérivation de Kununurra, Australie

## 2.    FLOATING DEBRIS CHARACTERISATION

### 2.1.    TYPE AND ORIGIN

Floating debris found in reservoirs could be of natural origin, could be man-made or result from other human activity. Natural debris typically include: grass, bushes, tree branches, tree trunks, root balls or entire trees, floating mires and rafts of reeds, bulrushes and other aquatic plants, carcasses, material from beaver dams, ice etc. Floating debris resulting from manufacturing could comprise timber, plastics and rubber products or trash of various form and shape including entire boats, wrecked cars or event wooden houses. Agricultural activity (silage balls), non-sanitary landfills or parks and viewports near roads, river banks and reservoirs could also become the source of floating debris. Also, vegetative debris could be left over from timber harvest and logging operations.

These debris could find their way to reservoirs during severe storm events after being extracted and washed down by the flood water or dispersed by the wind. Natural dams of driftwood forming within the catchment and subsequently being breached, could also cause a sudden release of water and debris. The main mechanisms by which debris enters water courses and reservoirs are further discussed in Section 2.3.

As wood remains in the water, it could become waterlogged and therefore submerged. Plastic debris, or debris entangled with plastic bags could also become submerged as highlighted in ICOLD Bulletin 119 (ICOLD, 2000). Some floating debris such as mires, peat bogs and reeds (bulrushes), as well as plastics or other debris may have the tendency to form floating islands. These and other related questions have also been discussed in some detail in ICOLD Bulletin 162 (ICOLD, 2010). The following photographs (Fig. 2.1 through to Fig. 2.4) illustrate floating debris occurring in reservoirs.

Fig. 2.1
Floating rafts of bulrushes Kununurra Diversion Dam, Australia

Fig. 2.2
Accumulation de débris flottants de bois au barrage de Palagnedra, Switzerland

Fig. 2.3
Accumulation importante de débris flottants devant le barrage de Catagunya, Australia

Fig. 2.2
Wood floating debris accumulated at the Palagnedra Dam, Switzerland

Fig. 2.3
Large floating debris in front of the Catagunya Dam, Australia

Fig. 2.4
Déversoir de crues obstrué par des balles d'ensilage dans le Trondelag, Norway

(Photo: L.Lia, NTNU), (Boes et al., 2017)

## 2.2. CARACTÉRISTIQUES

Les caractéristiques des débris flottants, à savoir :

- leur forme,

- leur taille : longueur et diamètre du tronc,

- et leur densité

sont des facteurs importants à prendre en compte dans l'évaluation du risque de blocage des évacuateurs de crues, des prises d'eau et des vidanges de fond des réservoirs.

Par exemple, la densité du bois pourrait être utilisée pour déterminer le seuil de mise en mouvement des troncs dans le bassin versant. Pour les évacuateurs de crues soumis à un courant d'approche, une densité de bois plus élevée peut augmenter la probabilité de blocage d'un déversoir à crête profilée standard équipé de piles (Furlan et al. 2018). La densité des arbres en Europe varie généralement de 0,4 t/m³ (bois léger) à près de 1 t/m³ pour du bois gorgé d'eau, la densité moyenne du bois des arbres secs en Europe étant de (0,47-0,67 t/m³) (Chave et al., 2009).

Fig. 2.4
Obstructed spillway due to silo bales in Trondelag, Norway

(Photo: L.Lia, NTNU), (Boes et al., 2017)

## 2.2.   CHARACTERISTICS

The characteristics of the floating debris, namely their:

- shape,

- size: length and trunk diameter,

- and density

are important factors to consider in the evaluation of the risk of blockage of reservoir spillways, intakes and bottom outlets.

For example, wood density could be used in determining the threshold of movement for stems within the catchment basin. At spillways with a reservoir approach flow, a higher wood density can increase the blocking probability of an ogee crested spillway equipped with piers (Furlan et al. 2018). The density of trees in Europe typically ranges from $0.4t/m^3$ (light wood) to nearly $1t/m^3$ waterlogged wood with the average wood density of dry trees in Europe being ($0.47 - 0.67$ t/m$^3$) (Chave et al., 2009)

D'autres facteurs affectant le risque de blocage sont la vitesse de transport des débris flottants discutée dans la section 2.3, les paramètres physiques et hydrauliques de la structure hydraulique exposée au risque de blocage, ainsi que les moyens et la rapidité d'enlèvement des débris flottants lorsqu'une telle installation est disponible (voir section 4). Par conséquent, une évaluation précise du type et des caractéristiques des débris flottants que l'on peut raisonnablement s'attendre à voir arriver sur la structure hydraulique considérée lors d'un événement météorologique majeur est indispensable pour une modélisation fiable de sa performance et donc pour définir son risque de blocage et son taux de blocage.

L'évaluation doit également prendre en compte les effets possibles du transport des débris flottants sur leurs caractéristiques, comme expliqué dans la section 2.3.3.

Par exemple, de récents essais sur modèle physique ont indiqué qu'une quantité relativement faible de débris flottants, ou un seul rondin bloquant l'évacuateur de crue ou l'ouvrage de prise/de vidange en raison de sa taille relativement petite ou de sa mauvaise conception, peut rapidement attirer d'autres débris flottants et conduire à une accumulation importante de débris, voire à un blocage complet. Par conséquent, l'évaluation des caractéristiques des débris dans le bassin versant ou des accumulations de débris après un événement de crue doit également se baser sur les données relatives aux plus grandes valeurs attendues de longueur et diamètre de troncs et de dimensions des souches, ou sur les données relatives aux types et dimensions d'autres gros débris possibles, tels que les carcasses d'animaux ou les débris d'origine humaine, comme indiqué dans la section précédente. Le risque que ces gros débris bloquent la structure hydraulique sera également affecté par la densité des matériaux constituant les débris et leur propension à se gorger d'eau.

À cet égard, le facteur pertinent influençant l'accumulation au niveau des ponts et des déversoirs s'est souvent avéré être la longueur des grumes (Diehl, 1997 ; Bezzola et al., 2002 ; Lange et Bezzola, 2006 ; Schmocker et Hager, 2011 ; Hartlieb, 2012). Toutefois, des études récentes indiquent également que, dans de nombreux cas, des souches individuelles sont plus susceptibles de provoquer des blocages que des grumes individuelles, et la probabilité maximale de blocage a été observée pour un groupe de débris de bois contenant des souches (Pfister et al., 2013, 2015). Ceci est particulièrement vrai lorsque la charge spécifique sur le déversoir est relativement faible par rapport aux dimensions de la souche. Johansson (1995) et Hartlieb (2012) indiquent qu'un arbre isolé a généralement la capacité de se tourner dans le sens de l'écoulement et de passer l'ouverture du déversoir sans problème dans de nombreuses situations.

Ainsi, des débris ayant les mêmes caractéristiques peuvent présenter un risque de blocage différent en fonction de la taille et des caractéristiques hydrauliques de la structure hydraulique considérée. À cet égard, certaines caractéristiques particulières de conception telles que des piles relativement rapprochées, des structures ouvertes en treillis, des superstructures avec des parapets ouverts et des éléments structurels exposés tels que des armatures, des garde-corps ou des câbles et tuyaux d'alimentation pourraient augmenter le risque de blocage en fonction de leur taille relative.

Selon Astrand & Persson (2017), les arbres à feuilles caduques et les pins ont souvent des racines plus profondes que les épicéas et ne tombent donc pas aussi facilement.

## 2.3. PRODUCTION, TRANSPORT ET VOLUME DES DÉBRIS

### 2.3.1. *Sources et mécanismes de production des débris*

Avant d'examiner les différentes techniques utilisées pour quantifier les débris flottants, il convient d'énumérer les principales sources de débris et les mécanismes par lesquels les débris arrivent dans les cours d'eau :

Other factors affecting the risk of blockage are the rate of transport of the floating debris discussed in Section 0, the physical and hydraulic parameters of the respective hydraulic structure which is at risk of blockage as well as the means and rate of removal of the floating debris where such a facility is provided (refer to Section 4). Therefore, accurate assessment of the type and characteristics of the floating debris that could reasonably be expected to arrive at the respective hydraulic structure during a major storm event is indispensable for reliable modelling of its performance and thus establishing its risk and rate of blockage.

The assessment should also give due consideration to the possible effects of the transport of floating debris on their characteristics as explained in Section 2.3.3.

For example, recent physical model testing indicated that a comparatively small amount of floating debris, or just one single log jamming the spillway or the intake/outlet structure due to its relatively small size or poor design, may rapidly recruit other floating debris and lead to an extensive debris accumulation and even result in a full blockage. Therefore, the evaluation of the characteristics of the debris in the drainage basin or the debris accumulations after a flood event must also be based on data on the largest expected log lengths, log diameters, and rootstock dimensions or data on the types and dimensions of other possible large debris such as carcases or man-made debris as discussed in the previous section. The risk of such large debris blocking the respective hydraulic structure will also be affected by the debris material density and their propensity for water logging.

In this connection, the relevant factor influencing the accumulation at bridges and weirs was often found to be the log length (Diehl, 1997; Bezzola et al., 2002; Lange and Bezzola, 2006; Schmocker and Hager, 2011; Hartlieb, 2012). However, recent studies also indicate that in many cases single rootstocks are more likely to cause blockages than single logs, and the maximum blocking probability was observed for a wooden debris cluster containing rootstocks (Pfister et al., 2013, 2015). This is particularly relevant where the respective head over the spillway weir is relatively low compared to the rootstock dimensions. Johansson (1995) and Hartlieb (2012) indicate that single tree generally has the ability to turn into the flow direction and pass the spillway opening without any problem in many situations.

Thus, debris having the same characteristics may pose a different risk of blockage depending on the size and hydraulic characteristics of the respective hydraulic structure. In this respect, some specific design features such as relatively closely-spaced piers, open truss structures, superstructures with open parapets and exposed structural elements like trusses, railings or supply cables and pipes could increase the risk of blockage depending on their relative size.

According to Astrand & Persson (2017) deciduous trees and pines often have deeper roots than spruce and therefore do not fall as easily.

## 2.3.    DEBRIS PRODUCTION, TRANSPORT AND VOLUME

### 2.3.1.  Sources and mechanisms for debris production

Before examining the various techniques used to quantify the floating debris it is worth listing the major debris sources and mechanisms by which debris enter water courses:

- Action du vent et des vagues

Sur les lacs et les grandes rivières, les vagues érodent le rivage et font tomber les arbres dans l'eau. Les structures telles que les quais peuvent être endommagées par les vagues, et une grande partie des débris générés restent dans l'eau. L'action du vent et des vagues peut également entraîner le déplacement des débris des zones de stockage naturelles telles que les baies et les criques. Le vent est une source majeure d'apport de débris dans les cours d'eau des zones forestières et le vent est également connu pour transporter des quantités considérables d'armoise et de virevoltant dans les rivières de l'ouest des États-Unis.

- Débâcle des glaces

La glace en mouvement lors de la débâcle printanière peut accroître le sapement des berges des rivières, et les arbres peuvent être endommagés et brisés par la force de la glace en mouvement. Les tempêtes de glace peuvent provoquer la rupture de branches et de sections de troncs d'arbres et leur chute dans les lacs et les cours d'eau.

- Litière forestière

Un apport important de litière provient des feuilles des arbres forestiers. Dans les régions tempérées où la forêt est dominée par des arbres à feuilles caduques, la litière forestière est généralement protégée par la canopée des arbres en été et par une couche de neige en hiver, mais au début du printemps, les arbres n'ont plus de feuilles et les fortes pluies entraînent la litière dans les cours d'eau.

- Pratiques forestières

Les terres forestières absorbent de grandes quantités d'eau et réduisent les inondations et l'érosion qui apportent des débris flottants dans les cours d'eau. Si une couverture végétale généreuse est maintenue pendant la récolte des arbres et que les routes sont conçues pour résister à l'érosion, les terres forestières peuvent encore protéger le bassin versant. La récolte des arbres selon un calendrier raisonnable réduira le nombre d'arbres morts susceptibles de tomber dans les ruisseaux et les rivières. Cependant, de mauvaises stratégies de coupe peuvent générer d'importants apports de débris dans les cours d'eau et les rivières.

- Embâcles de débris

Les embâcles de débris peuvent libérer des flottants en aval lorsqu'ils sont déplacés en masse par une grande crue ou lorsqu'ils sont décomposés sur une longue période par des effets naturels tels que la décomposition.

- Barrages de castors

La quantité de débris apportés dans les cours d'eau par les castors est inconnue, mais elle peut représenter une proportion importante de la charge totale de débris dans certains bassins versants.

- Matériaux fabriqués par l'homme

Cela comprend des structures en bois en décomposition, comme les piliers et les quais, des matières organiques et synthétiques provenant de décharges mal situées le long des masses d'eau, et de manière plus générale le dépôt de détritus et de déchets. Ces matériaux peuvent être transportés dans les réservoirs par les eaux de crue ou dispersés par le vent.

- Glissements de terrain et érosion du sol

Pendant les crues, il est très fréquent que des glissements de terrain se produisent (de manière localisée ou élargie) sur les versants les plus abrupts des vallées fluviales. Lorsqu'ils se produisent dans des zones boisées, ils peuvent entraîner dans la rivière des quantités importantes de débris de bois. À plus petite échelle, l'érosion du sol peut être déclenchée par de fortes pluies et des inondations et extraire ensuite des débris de bois dans la rivière.

- Wind and wave action

On lakes and large rivers waves erode the shoreline causing trees to topple into the water. Structures such as docks can be damaged by waves, and much of the flotsam generated remains in the water. Wind and wave action can also cause the removal of debris from natural storage areas such as bays and coves. Wind throw is a major source of debris input in streams in forested areas and wind has also been known to carry appreciable quantities of sagebrush and tumbleweed into rivers in the western USA.

- Ice Break-up

Moving ice in the spring break-up can increase the undercutting of riverbanks, and trees can be damaged and broken by the force of moving ice. Ice storms can cause tree limbs and sections of trunks to break off and fall into lakes and watercourses.

- Forest Litter

A larger litter input is derived from leaves from forest trees. In temperate regions where the forest is dominated by deciduous trees, forest litter is usually protected by the tree canopy during summer and by a snow layer in the winter, however in early spring trees are without leaves and heavy rains will wash the litter into watercourses.

- Forestry Practices

Forest lands soak up large quantities of water and reduce floods and erosion that bring floating debris to the streams and rivers. If a generous ground cover is maintained during tree harvest and roads are made erosion resistant, forest land can still protect the watershed. The harvest of trees on a reasonable schedule will reduce the number of dead trees that may fall into the streams and rivers. However, poor harvesting strategies can generate large inputs of debris to streams and rivers.

- Debris Jams

Debris jams may release debris downstream when moved in-mass by a large flood flow or when broken down over a long period of time by natural effects such as decomposition.

- Beaver Dams

The quantity of debris brought into streams by beavers is unknown but may be a substantial proportion of the total debris load in some watersheds.

- Man-made Materials

This includes decaying wooden structures such as piers and wharves, organic and synthetic material from dumps improperly located along water bodies, and general littering of trash and waste. These materials could be transported into reservoirs by flood water or dispersed by the wind.

- Landslides and soil erosion

During floods, it is very common that landslides occur (locally or extended) on the steepest sides of the river valley slopes. When occurring in woody areas, they can bring down into the river significant quantities of wooden debris. On a smaller scale, soil erosion can be triggered by heavy rains and floods and subsequently extract wooden debris into the river.

### 2.3.2. *Transport des débris*

Comme indiqué dans la section 2.2 concernant l'évaluation des risques liés aux débris flottants, un autre facteur important affectant le risque de blocage est la vitesse de transport de ces débris flottants.

Toutes les rivières qui se jettent dans un réservoir peuvent transporter des débris flottants, mais il est généralement considéré que les principales sources de production de débris flottants sont les affluents à forte pente. Pour une rivière spécifique, le transport des débris vers la structure hydraulique qui risque d'être bloquée dépend :

- du volume de débris disponibles ;

- de la vitesse et de la profondeur d'eau dans les différents biefs ;

- des caractéristiques de la crue ;

- des caractéristiques du vent ;

- de la superficie, de la forme et de l'orientation du réservoir par rapport à la direction des vents dominants et des paramètres de la structure hydraulique considérée.

Selon Astrand & Persson (2017), le potentiel de transport des débris flottants de la " source " au barrage dépend principalement des vitesses de l'eau sur le parcours. Pour évaluer cette vitesse, ils suggèrent de répondre aux questions suivantes :

- La zone en amont est-elle un site de barrage, un tronçon de rivière, un lac ou un réservoir ou une combinaison de ces éléments?

- S'il s'agit d'une combinaison de ces éléments, la forme et la direction du réservoir sont-elles telles que le vent pourrait transporter les débris flottants vers l'ouvrage ou s'agit-il d'une forme irrégulière avec des baies et des promontoires où les débris flottants pourraient rester coincés ou être retardés?

Lorsque l'on aborde le sujet du transport des débris, il est important d'établir non seulement le volume mais aussi la vitesse de transport vers l'évacuateur de crue ou toute autre structure d'évacuation concernée. Ainsi, pour un volume donné de débris disponibles, la vitesse de transport variera en fonction des caractéristiques du bassin versant, du réservoir, de l'évacuateur de crue et du vent.

Selon les recommandations du Comité Français des Barrages et Réservoirs (CFBR, 2013), les débris transportés sur les grands réservoirs ont une faible probabilité d'atteindre l'évacuateur de crue du barrage en fonction des conditions de vitesse dans le réservoir. Lorsque la vitesse moyenne à la surface de l'eau est très faible, des facteurs secondaires, tels que le vent ou la recirculation du courant, peuvent prévaloir et rediriger les débris ailleurs. Les critères de conception à prendre en compte (vitesse du vent, vitesse de l'eau, caractéristiques des débris) doivent encore être explorés plus précisément par la communauté scientifique.

En outre, si la forme du réservoir est sinueuse avec de nombreux coudes, il est également probable que de nombreux débris seront entraînés vers les rives externes des coudes du réservoir. Là encore, les critères doivent encore être clarifiés.

Cependant, le retour d'expérience des opérateurs de barrages peut apporter des informations précieuses pour confirmer ce mode de transport des débris dans le réservoir.

### 2.3.2. Debris transport

As discussed in section 2.2 with regards to floating debris hazard evaluation, another important factor affecting the risk of blockage is the rate of transport of the floating debris.

All rivers that discharge into the reservoir may transport floating debris, however, the main sources of floating debris production are thought to be steep tributaries Furthermore, landslides may directly entrain floating debris into the reservoir. For a specific river, the transport of debris to the hydraulic structure which is at risk of blockage depends on:

- volume of available debris;

- velocity and depth of water within the catchment;

- characteristics of the flood;

- wind characteristics;

- reservoir area, shape and orientation relative the prevailing wind direction and the parameters of the respective hydraulic structure.

According to Astrand & Persson (2017) the potential for transportation of floating debris from the "source" to the dam facility is primarily dependent on water velocities on the route. They suggest that to assess this, the following questions would need to be answered:

- Is the area upstream a dam site, river stretch, lake or reservoir or a combination of the above?

- If it is a combination, is the shape and direction of the reservoir such that the wind could cause the floating debris to travel towards the facility or is it an irregular shape with bays and headlands where the floating debris may get stuck or delayed?

When dealing with the subject of debris transport it would be important to establish not only the volume but also the rate of transport to the respective spillway or other outlet structure. Thus, for a given volume of available debris the rate of transport will vary depending on the catchment, reservoir, spillway and wind characteristics.

According to guidance produced by the French National Committee on Dams (CFBR, 2013), debris transported on large reservoirs have small probability to reach the dam spillway depending on velocity conditions in the reservoir. When the average velocity on water surface is very small, secondary factors, such as wind or water stream recirculation, might prevail and reroute the debris elsewhere. The design criteria to be taken into account (wind speed, water velocity, debris features) still need to be more precisely explored by the scientific community.

In addition, if the shape of the reservoir is snaky with many turns, it is also probable that many debris will be driven to the external shore of the reservoir bend. Again, criteria still need to be clarified.

However, the flood feedback from the dam operators can bring valuable information to prove this mode of transportation of debris in reservoir.

L'établissement de la vitesse de transport nécessiterait l'utilisation d'un modèle numérique spécialisé. Par exemple, les logiciels CFD actuellement disponibles dans le commerce permettent, entre autres, de modéliser les vagues de débris à travers les réservoirs en utilisant des particules flottantes lagrangiennes qui peuvent être suivies à travers les réservoirs pour simuler les temps d'arrivée selon différents scénarios. Ils peuvent également intégrer un modèle de vent, qui applique une force de cisaillement tangentielle à la surface de l'eau. Il convient toutefois de noter que la fiabilité de ce type de modélisation hydrodynamique est encore considérée comme relativement faible (Boes et al., 2017) et que des développements supplémentaires dans ce domaine seraient nécessaires.

### 2.3.3. Caractéristiques des débris après leur transport en rivière

Le transport des débris de bois dans les rivières peut affecter de manière significative leurs caractéristiques géométriques lorsqu'ils arrivent dans la zone du réservoir, en fonction des caractéristiques de la rivière, du débit et de la source de production. Les caractéristiques concernées sont les suivantes:

- Longueur des troncs

- Taille des branches

- Densité

Steeb (2016) a étudié la fragmentation d'arbres entiers en morceaux de bois plus petits due au transport fluvial, sur la base de mesures après la crue de 2005 en Suisse pour les cours d'eau de montagne plutôt pentus. Il a été observé que les arbres sont réduits entre 10% et 33% (valeur moyenne de 20%). La réduction de la taille dépend moins de la distance de transport que de l'intensité des processus de dégradation physique. La réduction de taille sera moins importante pour les rivières moins pentues.

Le rapport du Comité Suisse des Barrages sur les débris de bois (Boes, 2017) souligne également que :

- Les arbres pourraient être significativement écorcés et perdre la plupart de leurs branches.

- Une attention particulière doit être accordée à la durée du transport ou du séjour des débris de bois dans la rivière / le réservoir en fonction du type d'arbre. Certaines sortes d'arbres coulent rapidement tandis que d'autres flottent pendant des semaines ou ne coulent jamais.

Dans ces conditions, la taille, la forme et le type d'arbres entourant le réservoir ou situés près de la rive doivent être pris en compte pour déterminer la taille maximale des débris capables d'atteindre le barrage et l'évacuateur de crues.

## 2.4. ESTIMATION DES VOLUMES DE DÉBRIS

### 2.4.1. Volume des débris disponibles

Le volume de débris disponibles est constitué des débris flottants déjà présents dans le lit de la rivière, plus les nouveaux débris flottants entraînés pendant la crue (Bezzola et Hegg, 2008). Des arbres, ou même des maisons, peuvent tomber dans la rivière suite à des évolutions morphologiques du cours d'eau et à cause du vent, de la poussée de la glace ou d'une faible stabilité due à la vétusté de certains ouvrages (Diehl et Bryan, 1993). Ces débris peuvent rester dans le lit de la rivière pendant une période relativement longue jusqu'à ce qu'ils soient mobilisés.

Establishing the rate of transport would require employing a specialised numerical model. For example, the current commercially available CFD software packages allow amongst other things, modelling of debris waves across reservoirs using floating Lagrangian particles which could be tracked across reservoirs to simulate arrival times under different scenarios. They also could incorporate a wind model, which applies a shear force tangential to the water surface. However, it should be noted though that the reliability of such hydrodynamic modelling is still considered to be relatively low (Boes et al., 2017) and further development in this area would be required.

### 2.3.3. Debris characteristics after transport in rivers

Transportation of wooden debris through rivers can significantly affect their geometrical characteristic when arriving in the reservoir area depending on the features of the river, flow and source of production. That means:

- Length of stems

- Size of branches

- Density

Steeb (2016) investigated the fragmentation of entire trees down to smaller wood pieces due to fluvial transport, based on measurements after the 2005 flood event in Switzerland for rather steep mountains streams. It was observed that the trees are reduced between 10% and 33% (average value of 20%). The size reduction depends less on the transport distance than on the intensity of the physical degradation processes. The size reduction will be less important for less steep rivers.

The Swiss Committee on Dams report on wooden debris (Boes, 2017) also outlined that:

- Trees might be significantly pealed and loose most of their branches.

- A special attention should be paid to the duration of transportation or stay of wooden debris in the river / reservoir with regard to the type of tree. Some sort of trees will quickly sink while some other will float during weeks or never sink.

In those conditions, the size, shape and type of trees surrounding the reservoir or located close to the shore should be considered to determine the maximum size of debris capable of reaching the dam and spillway.

### 2.4.  ESTIMATING DEBRIS VOLUMES

### 2.4.1. Volume of available debris

The volume of available debris consists of instream floating debris that is already distributed in the riverbed plus the fresh floating debris entrained during the flood (Bezzola and Hegg, 2008). Trees, or even houses, may fall into the river as a result of changes in channel morphology and due to wind, ice loads, or reduced stability due to old age (Diehl and Bryan, 1993). This debris may lie at the river bed for a comparatively long time until it is mobilized.

Pendant une inondation, de nouveaux débris flottants peuvent être entraînés en raison de l'érosion latérale, de l'affaissement des berges, des glissements de terrain ou des laves torrentielles. Les nouveaux débris flottants disponibles dans les zones adjacentes aux rivières et aux réservoirs dépendent du stock de bois, de la densité des peuplements, de la productivité et de l'entretien des forêts, de la mortalité, des infestations d'insectes, des maladies forestières et de l'exploitation forestière. Le débit de crue détermine le degré d'érosion latérale et l'ampleur et l'intensité des précipitations peuvent affecter la saturation du sol et, par conséquent, les éventuels glissements de terrain.

Trois méthodes permettant de prédire le volume de débris flottants pendant une inondation pour un certain bassin versant sont présentées ici, à savoir :

1. Méthodes empiriques basées sur les données existantes sur le transport des débris pendant des inondations ;

2. Évaluation du bassin versant ; et

3. Évaluation des inondations passées.

La méthode (1) est relativement simple mais revêt une grande incertitude. La méthode (2) nécessite un travail important mais permet une compréhension approfondie du potentiel de débris flottants. La méthode (3) peut être appliquée si des données sur les volumes de transport de débris pendant de précédentes inondations passées sont disponibles.

Il faut noter que la prédiction exacte du volume de débris flottants est difficile. L'entraînement et le transport des débris flottants sont des processus aléatoires, et il faut accepter une certaine dispersion concernant l'estimation du volume. Les estimations peuvent différer d'un facteur 2 ou plus du volume réel. Par conséquent, une analyse de sensibilité est toujours recommandée dans le cadre de l'évaluation des risques.

### 2.4.2. Méthodes empiriques

Diverses formules empiriques permettent d'estimer le volume de débris flottants transportés pendant une inondation ; certaines parmi les plus récentes sont présentées ci-après :

Rickenmann (1997) a analysé des inondations en Suisse, au Japon et aux Etats-Unis et présente deux formules pour estimer le volume effectif de bois flotté :

$$V_L = 45 \, A^{2/3} \qquad (1)$$

$$V_L = 4 \, V_W^{2/5} \qquad (2)$$

où :

$V_L$ = volume de bois flotté en vrac [m³] avec une porosité de a $\approx$ 0,5,

A = superficie du bassin versant [km²], et

$V_W$ = volume d'eau [m³].

Le volume d'eau dans la formule ci-dessus est issu de l'intégration de l'ensemble de l'hydrogramme de crue mesurée à une station de mesure de débit représentative. Les données indiquent une dispersion relativement élevée parce qu'aucune de ces formules ne tient compte des caractéristiques du bassin versant ou de la période de retour des crues.

During a flood, fresh floating debris may be entrained due to side erosion, bank undercutting, slope failures, landslides, or debris flows. The available fresh floating debris in adjacent river and reservoir areas depends on the timber stock, stand density, forest productivity and maintenance, mortality, insect infestations, forest diseases, and lumbering. The flood discharge determines the degree of side erosion and undercutting, and the rainfall magnitude and intensity may affect the soil saturation and consequently possible landslides.

Three methods to predict the floating debris volume during a flood for a certain drainage basin are presented herein, namely:

1. Empirical methods based on existing data on flood debris transport;

2. Evaluation of the drainage basin; and

3. Evaluation of past flood events.

Method (1) is comparatively simple but exhibits a large uncertainty. Method (2) requires a large work effort but results in a profound understanding of the floating debris potential. Method (3) can be applied if data on past flood debris transport volumes are available.

Note that the exact prediction of the floating debris volume is difficult. Floating debris entrainment and transport are random processes, and a certain scatter of the expected volume must be accepted. Estimations may differ by a factor of 2 or more from the actual volume. Therefore, a sensitivity analysis is always recommended as part of the hazard evaluation.

## 2.4.2. Empirical methods

Various empirical formulas to estimate the volume of transported floating debris during a flood are available; some of the most recently developed ones are presented in what follows:

Rickenmann (1997) evaluated floods in Switzerland, Japan, and the USA presenting two formulas to estimate the effective driftwood volume as:

$$V_L = 45 \, A^{2/3} \tag{1}$$

$$V_L = 4 \, V_W^{2/5} \tag{2}$$

where:

$V_L$ = loosely placed driftwood volume [m$^3$] with a porosity of a $\approx$ 0.5,

A = drainage basin area [km$^2$], and

$V_W$ = volume of water [m$^3$].

The water volume in the above formula is summed up over the entire flood hydrograph using a representative discharge measurement station. The data indicate a comparatively high scatter because neither formula accounts for the drainage basin characteristics or the flood return period.

En supposant que seule la zone boisée (indicée F ci-après) contribue au volume de bois flotté transporté pendant une inondation, Rickenmann (1997) a également estimé le volume potentiel (indicé P ci-après) de bois flotté VLP comme suit :

$$V_{LP} = 90\, A_F \text{ pour } A_F < 100 \text{ km}^2 \tag{3}$$

$$V_{LP} = 40\, L_F^2 \text{ pour } L_F < 20 \text{ km} \tag{4}$$

où $A_F$ = superficie boisée du bassin versant [km²] et $L_F$ = longueur boisée de la rivière [km].

Les données indiquent une forte dispersion et, pour les grands bassins versants, ne suivent pas la tendance générale.

Uchiogi et al. (1996) ont évalué diverses inondations au Japon et ont conclu que VL pouvait être exprimé en fonction de F (volume total de sédiments transportés pendant l'événement d'inondation [m³]) comme suit :

$$V_L = 0,02\, F \tag{5}$$

Ils ont également établi que la relation entre la zone forestière $A_F$ et $V_{LP}$ est la suivante :

$$V_{LP} = (10 \text{ à } 1000)\, A_F \qquad \text{pour une forêt de conifères} \tag{6}$$

$$V_{LP} = (10 \text{ à } 100)\, A_F \qquad \text{pour une forêt de feuillus} \tag{7}$$

Lange & Bezzola (2006) et Waldner et al. (2010) ont estimé la porosité (a) des débris de bois s'accumulant devant les seuils et les grilles de protection pendant les inondations, suggérant qu'elle se situe généralement entre 0,5 et 0,8, en considérant :

$$a = (V_L - V_S)/V_L \tag{8}$$

où $V_L$ est le volume du bois en vrac et $V_S$ est le volume solide.

Les formules empiriques ci-dessus peuvent être utilisées comme un outil simple d'estimation du volume des débris de bois. Cependant, l'utilisation de ces formules peut aboutir à des volumes très différents et il est important qu'elles soient utilisées avec prudence, dans leur domaine de validité expérimental et pour des bassins versants présentant des caractéristiques similaires. Par exemple, la comparaison avec les volumes réels de débris de bois observés lors de l'inondation de 2005 en Suisse (Schmocker et Weitbrecht, 2012) a montré une dispersion très élevée, indiquant que des bassins versants ayant des surfaces similaires et d'autres caractéristiques différentes pouvaient en réalité produire des volumes de débris de bois très différents.

Cela conduit à la conclusion que davantage de données provenant de différents types de bassins versants et des recherches supplémentaires sont nécessaires pour produire des méthodes fiables d'estimation des volumes potentiels de débris de bois produits lors d'événements de différentes périodes de retour.

### 2.4.3. Évaluation du bassin versant

L'évaluation du bassin versant d'un réservoir peut permettre de définir de manière plus détaillée et plus précise les volumes de débris. Elle devrait prendre en compte toutes les caractéristiques importantes du bassin versant et se fonder sur une méthode calée sur un ensemble représentatif de données de terrain, recueillies et analysées. Deux approches de ce type sont détaillées ci-après. La première approche a été développée par l'US Army Corps of Engineers Los Angeles District (2000) pour estimer le volume de débris pour des crues de différentes périodes de retour dans le sud de la Californie.

Assuming that only the forested (subscript F) area adds to the transported driftwood volume during a flood, Rickenmann (1997) also estimated the potential (subscript P) driftwood volume $V_{LP}$ as:

$$V_{LP} = 90 \, A_F \text{ for } A_F < 100 \text{ km}^2 \qquad (3)$$

$$V_{LP} = 40 \, L_F^2 \text{ for } L_F < 20 \text{ km} \qquad (4)$$

where $A_F$ = forested part of drainage basin area [km²] and $L_F$ = forested river length [km].

The data indicate a high scatter and for large drainage basin areas do not follow the overall trend.

Uchiogi et al. (1996) evaluated various flood events in Japan concluding that $V_L$ could be expressed as a function of F = total transported sediment volume during the flood event [m³] as:

$$V_L = 0.02 \, F \qquad (5)$$

They further stated that the relation between the forested area $A_F$ and $V_{LP}$ is:

$$V_{LP} = (10 \text{ to } 1000) \, A_F \qquad \text{for coniferous forest} \qquad (6)$$

$$V_{LP} = (10 \text{ to } 100) \, A_F \qquad \text{for deciduous forest} \qquad (7)$$

Lange & Bezzola (2006) and Waldner et al. (2010) estimated the porosity a of wooden debris accumulating at weirs and trash racks during floods, suggesting that it typically ranges from 0.5 to 0.8, considering:

$$a = (V_L - V_S)/V_L \qquad (8)$$

where $V_L$ is the volume of loosely placed wood and $V_S$ is the solid volume.

The above empirical formulas may be used as a simple estimation tool for the wooden debris volume. However, use of such formulas may result in highly different volumes and it is important that they be used with prudence, within their experimental range of validity and for drainage basins presenting similar characteristics. For example, comparison with actual wooden debris volumes observed during the 2005 flood in Switzerland (Schmocker and Weitbrecht, 2012) showed a very high scatter indicating that drainage basins having similar areas different other characteristics could in reality produce highly different wooden debris volumes.

This leads to the conclusion that more data from different types of drainage basins and further research are required to produce reliable methods for estimation of the potential wooden debris volumes produced during storm events with different return periods.

### 2.4.3. Evaluation of the drainage basin

The evaluation of the drainage basin of a reservoir may result in a more detailed and accurate prediction of the debris volumes. It would normally give due consideration to all important basin characteristics and would typically adopt a method calibrated on the basis of a representative set of real and systematically gathered and analysed data. Two generalized approaches are discussed in what follows. The first approach was developed by the US Army Corps of Engineers Los Angeles District (2000) to estimate the total debris yield for "n-year" flood events in Southern California.

Dans ce cas, le volume total de débris est défini comme le débit de débris (limon, sable, argile, gravier, rochers et matières organiques, y compris les troncs d'arbres, les buissons, etc.) d'un bassin versant mesurable à un point de concentration spécifique pour un événement de crue spécifié. La seconde approche, qui se concentre principalement sur l'estimation du volume des débris ligneux, a été adoptée par de nombreuses recherches dans différents pays. Ces deux méthodes sont discutées dans les paragraphes qui suivent.

### 2.4.4. *Estimation du volume total de débris (approche USACE)*

L'approche de l'US Army Corps of Engineers (2000) est basée sur des régressions linéaires multiples entre les apports unitaires de débris mesurés et un ensemble de paramètres physiques, hydrologiques et météorologiques qui ont été établis pour prédire la quantité de débris dans les bassins versants de la Californie du Sud. Les équations de prédiction ont été développées sur la base de tempêtes plutôt que comme un volume annuel moyen. Les données sur la production de débris ont été recueillies grâce à des données de terrain sur les réservoirs et les débris obtenues auprès de plusieurs agences fédérales et locales. Le plus grand nombre possible d'observations disponibles a été utilisé dans l'analyse des bassins versants du sud de la Californie. Une régression linéaire multiple a été choisie comme méthode d'estimation des apports unitaires de débris car elle est relativement rapide et précise, et suffisamment flexible pour permettre l'extrapolation des résultats à d'autres bassins versants possédant des caractéristiques géologiques, climatiques et végétales similaires. Dans cette étude, toutes les variables, à l'exception du facteur feu non dimensionnel, ont été transformées par une fonction logarithmique pour l'analyse de régression.

Le groupe de variables expliquant la plus grande partie de la variance des apports unitaires en débris a été sélectionné à l'aide d'indices statistiques classiques. Les analyses de régression linéaire multiple ont indiqué que l'apport unitaire en débris est le plus fortement corrélé avec le ruissellement de pointe unitaire (ou le cumul maximal de précipitations sur une heure), le relief du bassin versant, la zone contributive et l'historique des incendies. Chacune de ces variables a été choisie pour son importance dans l'explication de la variation de l'apport unitaire en débris avec un niveau de confiance de 95%. De nombreux autres paramètres ont été pris en compte, notamment des quantités maximales de pluie pour plusieurs durées, la longueur totale du cours d'eau, la densité du réseau de drainage, le rapport de confluence moyen, l'indice d'analyse hypsométrique, le rapport d'allongement, le facteur d'efficacité du transport et la pente moyenne du lit mineur.

Les incendies de forêt ont un impact considérable sur les taux d'érosion au sud de la Californie. La végétation ligneuse hautement inflammable, les pentes raides, les sédiments meubles, les conditions de sol hydrophobes causées par les incendies et les vents secs du large contribuent à des apports en débris jusqu'à 35 fois supérieurs à ceux du bassin versant dans un état non brûlé (USACE, 2000). Diverses courbes de facteurs d'incendie en fonction de la taille de la zone de drainage et des années écoulées depuis le dernier incendie sont présentées dans le rapport du US Army Corps of Engineers (2000).

Cinq équations ont été développées pour des superficies de bassins versants allant jusqu'à 200 mi². Les équations ont été développées en utilisant les unités de mesure impériales, qui n'ont pas été changées en unités SI pour cette publication. La première équation basée sur les bassins versants dont les aires de drainage vont de 0,1 à 3,0 mi² et pour lesquels on ne dispose pas de données sur les débits de pointe est la suivante :

$$\log D_y = 0{,}65(\log P) + 0{,}62(\log RR) + 0{,}18(\log A) + 0{,}12(FF) \tag{9}$$

Où $D_y$ = apport unitaire en débris (yd³/mi²),

P = précipitations maximales sur une heure (pouces multipliés par 100),

RR = rapport de relief (ft/mi),

A = superficie drainée (acres), et

FF = facteur de feu non dimensionnel.

In this case, the total debris yield is defined as the total debris outflow (silt, sand, clay, gravel, boulders, and organic materials, including tree trunks, bushes, etc.) from a drainage basin measurable at a specific concentration point for a specified flood event. The second approach, which focuses largely on estimating the volume of woody debris, has been adopted by numerous researches from various different countries. These two methods are discussed in what follows.

### 2.4.4. Total debris estimation (USACE Approach)

The US Army Corps of Engineers (2000) approach is based on multiple linear regressions between measured unit debris yield and a set of physiographic, hydrologic, and meteorological parameters found to predict the quantity of debris yield in the Southern California watersheds. The predictive equations were developed on a storm-event basis, rather than as an average annual volume. Debris yield data were collected using reservoir survey data and debris basin data obtained from several Federal and local agencies. The largest possible number of observations available was used in the analysis for the Southern California drainage basins. Multiple linear regression analysis was selected as the method to estimate unit debris yield because it is relatively rapid and accurate, and flexible enough to allow extrapolation of results to other watersheds possessing similar geologic, climatic, and vegetative characteristics. In this study, all of the variables, except the non-dimensional fire factor, were log-transformed for the regression analysis.

The group of variables which explained the greatest amount of variance in unit debris yield was selected using common statistical indices. Multiple linear regression analyses indicated that unit debris yield is most highly correlated with the unit peak runoff rate (or the maximum 1-hour precipitation depth), drainage basin relief, contributing area, and fire history. Each of these variables was chosen for its significance in explaining variation in the unit debris yield at the 95 percent confidence level. Many other parameters were considered including maximum rainfall amounts for several durations, total stream length, drainage density, mean bifurcation ratio, hypsometric-analysis index, elongation ratio, transport efficiency factor, and mean channel gradient.

The occurrence of wildfire greatly affects erosion rates in Southern California. Highly flammable woody vegetation, steep slopes, loose sediments, hydrophobic soil conditions caused by wildfire, and dry offshore winds contribute to debris yields up to 35 times that of the watershed in an unburned state (USACE, 2000). Various fire factor curves as a function of drainage area size and years since the last wildfire are presented in the US Army Corps of Engineers report (2000).

Five equations were developed for drainage areas up to 200 mi$^2$. The equations were developed using Imperial units of measurement, which have not been changed to SI units for this publication. The first equation based on watersheds with drainage areas from 0.1 to 3.0 mi$^2$ for which peak flow data are not available is:

$$\log D_y = 0.65(\log P) + 0.62(\log RR) + 0.18(\log A) + 0.12(FF) \qquad (9)$$

Where $D_y$ = unit debris yield (yd$^3$/mi$^2$),

P = maximum 1-hour precipitation (inches times 100),

RR = relief ratio (ft/mi),

A = drainage area (acres), and

FF = non-dimensional fire factor.

Le rapport de relief est déterminé en calculant la différence d'altitude (en pieds) entre le point le plus haut et le plus bas du bassin versant, mesurée le long du plus long cours d'eau, divisée par la longueur du plus long cours d'eau en miles.

La deuxième équation développée pour les bassins versants dont les superficies de bassins versants vont de 3 à 10 mi² et pour lesquels des données sur les débits de pointe sont disponibles, et pour les bassins versants inférieurs à 3.0 mi² si des données sur les débits de pointe sont disponibles, est la suivante :

$$\log D_y = 0{,}85(\log Q) + 0{,}53(\log RR) + 0{,}04(\log A) + 0{,}22(FF) \qquad (10)$$

où Q = pic de ruissellement unitaire (ft³/s/mi²).

De même, des équations ont été développées pour les bassins versants dont la superficie est comprise entre 10 et 25 mi² :

$$\log D_y = 0{,}88(\log Q) + 0{,}48(\log RR) + 0{,}06(\log A) + 0{,}20(FF) \qquad (11)$$

De 25 à 50 mi² :

$$\log D_y = 0{,}94(\log Q) + 0{,}32(\log RR) + 0{,}14(\log A) + 0{,}17(FF) \qquad (12)$$

Et de 50 à 200 mi² :

$$\log D_y = 1{,}02(\log Q) + 0{,}23(\log RR) + 0{,}16(\log A) + 0{,}13(FF) \qquad (13)$$

L'approche de l'US Army Corps of Engineers (2000) a été développée à partir de données provenant des montagnes San Gabriel au sud de la Californie pour des bassins versants de moins de 200 mi². La méthode est destinée à être utilisée sur des bassins versants au climat méditerranéen et dont une grande partie de la superficie totale se trouve en terrain montagneux, escarpé et non développé. Elle ne doit pas être utilisée pour prédire la production de débris résultant d'événements de précipitation et de ruissellement avec une période retour inférieure à 5 ans, avec une précipitation maximale d'une heure inférieure à 0,3 pouce/heure ou un ruissellement inférieur à 3 pieds3 /s/mi².

Pour une utilisation dans des zones présentant des caractéristiques de terrain et d'utilisation des terres différentes, l'application d'un facteur d'Ajustement/Transposition (A-T) est recommandée pour tenir compte des différences de géomorphologie entre les bassins versants. Le développement du facteur A-T est présenté dans l'annexe B du rapport de l'US Army Corps of Engineers (2000) et dépend de la disponibilité des données sur les débris de crue pour le bassin versant concerné. Si les données sur les débris de crue ne sont pas disponibles, le facteur A-T est développé à partir d'informations sur la structure géologique, les sols, la morphologie du cours d'eau et la morphologie du versant.

### 2.4.5. *Estimation des débris ligneux*

À l'origine, cette méthode était surtout axée sur l'estimation du volume des débris ligneux. Son objectif était de déterminer les deux paramètres suivants : (1) le stock de bois disponible par hectare le long des berges du réservoir et le long des rivières qui s'y déversent ; et (2) la surface susceptible d'augmenter effectivement la réserve de débris ligneux lors d'une crue. Le potentiel de débris de bois possible résulte de la multiplication de ces deux paramètres. Cependant, le bois disponible le long du réservoir et des rivières dépend de divers facteurs et peut présenter une dispersion considérable. Les données générales proviennent des inventaires forestiers (par exemple, l'Inventaire Forestier National, Suisse) ou peuvent être obtenues auprès des gardes forestiers locaux.

The relief ratio is determined by calculating the difference in elevation (feet) between the highest and lowest points in the watershed as measured along the longest stream divided by the length of the longest stream in miles.

The second equation developed for watersheds with drainage areas ranging from 3 to 10 mi$^2$ for which peak flow data are available and for drainage areas less than 3.0 mi$^2$ if peak flow data are available is:

$$\log D_y = 0.85(\log Q) + 0.53(\log RR) + 0.04(\log A) + 0.22(FF) \tag{10}$$

where Q = unit peak runoff (ft$^3$/s/mi$^2$).

Similarly, equations were developed for watersheds with drainage areas from 10 to 25 mi$^2$:

$$\log D_y = 0.88(\log Q) + 0.48(\log RR) + 0.06(\log A) + 0.20(FF) \tag{11}$$

From 25 to 50 mi$^2$:

$$\log D_y = 0.94(\log Q) + 0.32(\log RR) + 0.14(\log A) + 0.17(FF) \tag{12}$$

And from 50 to 200 mi$^2$:

$$\log D_y = 1.02(\log Q) + 0.23(\log RR) + 0.16(\log A) + 0.13(FF) \tag{13}$$

The US Army Corps of Engineers (2000) approach was developed using data from the San Gabriel Mountains in Southern California for drainage areas less than 200 mi$^2$. The method is intended for use on watersheds with a Mediterranean climate and a high proportion of their total area in undeveloped, steep, mountainous terrain. It should not be used to predict debris yield resulting from precipitation and runoff events with less than a 5-year recurrence interval, with a 1-hour maximum precipitation less than 0.3 inches/hour or runoff less than 3 ft$^3$/s/mi$^2$.

For use in areas with different terrain and land use characteristics, application of an Adjustment/ Transposition (A-T) factor is recommended to account for differences in geomorphology between watersheds. The development of the A-T factor is presented in Appendix B of the US Army Corps of Engineers report (2000) and is dependent on the availability of flood debris records for the watershed of interest. If flood debris data are not available, the A-T factor is developed from information about geologic structure, soils, channel morphology, and hillside morphology.

### 2.4.5. Woody debris estimation

Originally, this method focused largely on estimating the volume of woody debris. Its goal was to determine the following two parameters: (1) available wood stock per hectare on the reservoir banks and along the rivers that discharge into the reservoir; and (2) area that may actually add to the wooden debris supply during a flood. The possible wooden debris potential follows from the multiplication of these two parameters. However, the available timber along the reservoir and rivers depends on various factors and may display considerable scatter. General data follow from forest inventories (e.g. National Forest Inventory, Switzerland) or may be acquired from local forest rangers.

Diverses études ont été menées pour établir le potentiel en débris de bois et le bois dans les cours d'eau le long d'une rivière particulière (Gregory et al. (1993) ; Piégay et Gurnell (1997) ; Keller et Swanson (1997) ; Downs et Simon (2001) ; Kaczka (2003) ; Kail (2005) ; WSL (2006) ; Böhl et Brändli (2007) ; Lagasse et al. (2010) ; Soderstrom et al., 2014).

Cependant, les études ci-dessus ont mis en évidence qu'il est impossible de déterminer un stock de bois généralement valable sur la seule base de la superficie du bassin versant. Par conséquent, une étude détaillée des caractéristiques du bassin versant est nécessaire pour prédire de manière fiable le volume potentiel de débris de bois. Cela inclut de nombreux facteurs tels que le degré de végétation forestière, l'état de la forêt, les pentes des berges des cours d'eau, les berges des réservoirs, les collines adjacentes, la géologie et les processus des événements de crue. Diehl (1997), Bradley et al. (2005) et Lagasse et al. (2010) ont présenté des procédures de base pour déterminer le potentiel de production et de livraison de débris de bois pour une section de rivière donnée.

Rimböck (2001) et Rimböck et Strobl (2001) identifient les mécanismes spécifiques d'arrivée des débris de bois (par exemple, l'érosion latérale, les avalanches, les glissements de terrain, le vent et le bois de construction) et un stock de bois défini pour chaque mécanisme séparément. La profondeur et la largeur de l'écoulement comme paramètres d'entrée pour l'érosion latérale proviennent d'une analyse hydraulique. Les pentes des collines déterminées à partir de vues aériennes ont été comparées aux pentes critiques nécessaires pour déclencher des glissements de terrain déterminés par une étude géologique. Les informations sur le stock de bois par mètre carré ont été fournies par l'administration forestière. Le potentiel de bois flotté résulte de la somme de chaque processus de danger.

Un autre concept général utilisé pour estimer le potentiel de débris de bois pour un certain bassin versant a été présenté par Flussbau AG (2009) et comprend les étapes suivantes :

1.  Déterminer le stock de bois le long de la rivière et du réservoir ;

2.  Déterminer la largeur moyenne de la rivière pour différents débits de crue ;

3.  Déterminer les zones potentielles de glissement de terrain ;

4.  Estimer la probabilité d'une érosion latérale et d'une rupture par glissement ; et

5.  Additionner les potentiels de débris de bois qui en résultent.

Dans cette approche, le stock de bois est déterminé à différents endroits le long du réservoir et de la rivière en considérant des surfaces d'analyses d'une superficie d'environ 100 m². Ensuite, la longueur et le diamètre à hauteur de poitrine de chaque arbre sont déterminés, ce qui donne un certain stock de bois spécifique VS' [m³/m²] pour chaque surface. Les zones de glissement possibles atteignant le réservoir ou les rivières qui se jettent dans le réservoir et leurs dimensions sont estimées à l'aide des cartes de danger existantes et des cartes géologiques. Pour les rivières qui se déversent dans le réservoir, le débit de crue pertinent est considéré être le débit morphogène et la largeur moyenne d'un tronçon de rivière en équilibre est déterminée en utilisant les méthodes de Parker (1979) ou de Yalin (1992). On suppose que la rivière inondera cette largeur moyenne pendant la crue. Cette largeur moyenne est ensuite comparée à la largeur réelle de la rivière, ce qui donne un taux possible d'érosion latérale pendant la crue. Les sections où des protections de berges empêchent l'érosion latérale sont exclues de l'analyse. Le volume total de débris de bois découle du stock de bois spécifique obtenu et de la superficie estimée d'érosion latérale et de glissements de terrain possibles.

### 2.4.6. Analyse spatiale à l'aide de techniques SIG

L'analyse spatiale visant à identifier les débris flottants potentiels issus des arbres le long des rivières pourrait être réalisée en combinant des inspections de terrain et SIG. Cela pourrait permettre de trouver les zones à risque potentiel et de calculer le nombre d'arbres susceptibles de tomber dans la rivière et de devenir des débris flottants. Cette méthode est actuellement considérée comme la plus coûteuse, mais aussi la plus précise pour évaluer les risques posés par les grands débris flottants (Schalko et al.2017a)

Various studies have been conducted to establish the wooden debris potential and instream wood along a distinctive river (Gregory et al. (1993); Piégay and Gurnell (1997); Keller and Swanson (1997); Downs and Simon (2001); Kaczka (2003); Kail (2005); WSL (2006); Böhl and Brändli (2007); Lagasse et al. (2010); Soderstrom et al., 2014).

However, the above studies highlighted that a generally valid timber stock based on the drainage basin area alone is impossible to determine. Therefore, a detailed study of the drainage basin characteristics is necessary to reliably predict the potential wooden debris volume. This includes numerous factors such as the degree of forest vegetation, forest condition, streambank slopes, reservoir banks, adjacent hillsides, geology, and flood event processes. Diehl (1997), Bradley et al. (2005) and Lagasse et al. (2010) presented basic procedures to determine the potential of wooden debris production and delivery for a given river section.

Rimböck (2001) and Rimböck and Strobl (2001) determine specific wooden debris input mechanisms (e.g. side erosion, avalanches, landslides, wind-throw, and construction timber) and a defined timber stock for each mechanism separately. The flow depth and flow width as input parameters for the side erosion follow from a hydraulic analysis. The hill slopes determined from aerial views were compared with the critical slopes required to trigger landslides determined by a geological survey. Information on the wood stock per square meter was provided by the forestry administration. The driftwood potential follows as the sum of each hazard process.

Another general concept used to estimate the wooden debris potential for a certain drainage basin was presented by Flussbau AG (2009) and includes the following steps:

1. Determine the specific timber stock along the river and reservoir;

2. Determine the reach-averaged river width for various flood discharges;

3. Determine potential landslide areas;

4. Estimate the probability of side erosion and sliding failure; and

5. Sum the resulting wooden debris potentials.

In this approach, the timber stock is determined at various locations along the reservoir and river by considering test fields with an area of some 100 m². Then, the length and diameter at breast height of each tree are determined, resulting in a certain specific timber stock VS' [m³/m²] for each section. Possible sliding areas reaching the reservoir or rivers that discharge into the reservoir and their dimensions are estimated using existing hazard maps and geological maps. For the rivers that discharge into the reservoir, the relevant flood discharge is taken as channel-forming discharge and the reach-averaged width for a stable river reach is determined using the methods of Parker (1979) or Yalin (1992). It is assumed that the river will flood this reach-averaged width during the flood event. The reach-averaged width is then compared with the actual river width resulting in a possible rate of side erosion during the flood event. Sections where the existing bank protection prevents side erosion are excluded from the analysis. The total wooden debris volume follows from the obtained specific timber stock and the determined area of possible side erosion and landslides.

### 2.4.6. Spatial analysis using GIS techniques

Spatial analysis to identify potential floating debris from trees along rivers could be carried out using a combination of filed inspections and ArcGIS. This could allow to find potential risk areas and calculate the number of trees that may fall into the river and become floating debris. This is currently considered to be the most costly, yet most accurate method for assessing the risks posed by large floating debris (Schalko et al.2017a)

Soderstrom et al, (2014) ont utilisé des techniques SIG pour l'analyse spatiale afin d'identifier les sources de débris d'arbres le long des berges de la rivière Pite en Suède. L'analyse spatiale a été utilisée pour évaluer la pente le long de la berge, le type de sol, le type de végétation et les zones d'inondation afin de déterminer les zones à risque dans le bassin versant. En général, il s'agit de zones caractérisées à la fois par des berges abruptes (typiquement des pentes de 20 à 45%) et des types de sol au comportement instable (sédiments meubles et matériaux fins), les terrains sans forêt étant exclus de l'analyse.

Le balayage LiDAR a ensuite été utilisé dans les zones à haut risque pour classer les arbres par hauteur et estimer le nombre d'arbres. Lorsque les berges étaient accessibles, une enquête de terrain a été menée pour caler les informations LiDAR. Cela a permis d'identifier les zones à haut risque, où des glissements de terrain contenant de grands arbres pourraient se produire, qui n'étaient pas accessibles pour une inspection visuelle.

Récemment, un inventaire des sources potentielles de débris flottants a été réalisé pour le projet de centrale électrique de Skallböle (Astrand & Persson, 2017) à l'aide d'ArcGIS sur la base de données laser, de cartes d'inondation et de vitesses d'eau calculées disponibles dans le cadre du projet de plan d'urgence de Ljungan. Ces données, associées aux cartes pédologiques, ont été utilisées pour identifier les zones à risque de glissement de terrain, d'érosion et d'inondation et pour quantifier le nombre et la hauteur des arbres dans ces zones, comme le montre la figure 2.5.

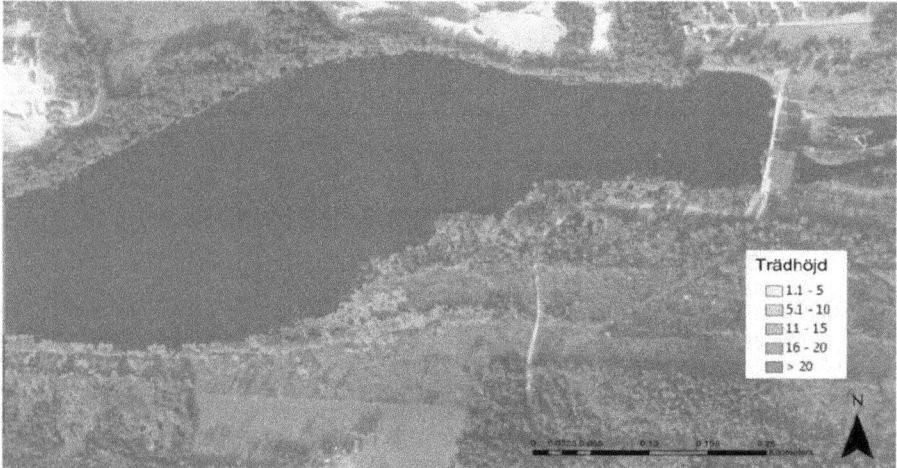

Fig. 2.5
Hauteur des arbres dans les zones présentant un potentiel de formation de débris flottants directement en amont de la centrale électrique de Skallböle

### 2.4.7. Évaluation des inondations passées

Après une inondation, les données sur les débris de bois transportés peuvent être déterminées et utilisées pour de futures évaluations des risques. Les approches suivantes peuvent être adoptées pour quantifier les débris de bois transportés, à savoir :

Soderstrom et al., (2014) have used GIS techniques for spatial analysis to identify sources of tree debris along the banks of the Pite River in Sweden. Spatial analysis was used to evaluate slope along the river bank, soil type, vegetation type, and inundation areas to determine risk areas in the watershed. Typically, these are areas characterised by both steep river banks (typically slopes of 20-45%) and soil types with instable behaviour (loose sediments and fine materials), ground without forest being excluded from the analysis.

LiDAR scanning was then used in the high-risk areas to classify trees by height and to estimate the number of trees. Where the river banks were accessible, a field survey was conducted to calibrate the LiDAR information. This allowed identification of high-risk areas, where landslides containing large trees could occur, which were not accessible for visual inspection.

Recently, an inventory of potential sources of floating debris has been carried out for the Skallböle Power Plant project (Astrand & Persson, 2017) using ArcGIS based on laser data, flood maps and calculated water velocities available from Ljungan's contingency planning project. These data, combined with soil maps have been used to identify areas at risk of landslides, erosion and flooding and to quantify the number and height of trees within these areas as shown in Fig. 2.5.

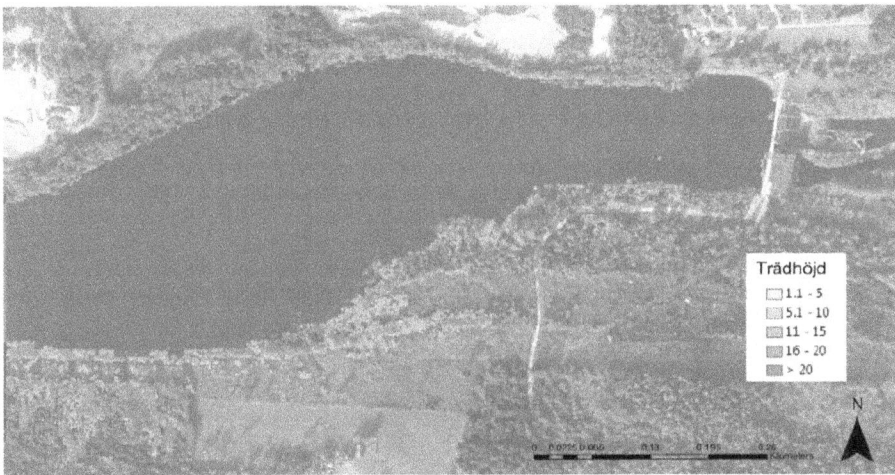

Fig. 2.5
Tree heights in areas with potential for formation of floating debris directly upstream of Skallböle Power Plant

### 2.4.7. Evaluation of past flood events

After a flood, the data on transported wooden debris can be determined and used for future hazard evaluations. The following approaches to quantify the transported wooden debris may be adopted, namely:

- Déterminer le volume des débris de bois transportés en fonction de la superficie forestière disparue le long de la rivière et du réservoir ; ou

- Déterminer le volume des débris de bois effectivement déposés dans le bassin versant et notamment dans le réservoir et le volume des débris flottants rejetés en aval de celui-ci.

La superficie forestière disparue le long des rivières et des réservoirs peut être quantifiée à l'aide de photos aériennes prises avant et après l'inondation. Si aucune photo aérienne n'est disponible, les zones perdues peuvent être évaluées directement sur le terrain. Il faut connaître le stock de bois par hectare pour déterminer enfin le volume de débris de bois transporté en aval de la rivière et vers le réservoir.

Cependant, cette méthode ne permet pas de prédire directement le volume des débris effectivement transportés vers le réservoir, car certains d'entre eux peuvent s'être déposés le long du cours d'eau pendant la tempête. Si le volume de débris de bois déposés dans le réservoir et le volume de débris flottants déversés en aval de celui-ci pouvaient être établis, on pourrait déterminer le ratio de production de bois qui est calculé comme le volume de bois déposé dans le réservoir et déversé en aval de celui-ci divisé par le volume de forêt disparue.

Les débris de bois et autres débris flottants peuvent s'accumuler dans le réservoir devant les déversoirs, les grilles, les prises d'eau et les vannes, ou sous forme de tapis de débris de bois dans le réservoir. Le volume de ces accumulations peut être déterminé à partir de photos ou par mesure directe. Si ces accumulations de bois sont enlevées, le volume peut être issu du nombre de chargements de camions, ou si les débris de bois sont déchiquetés, du volume des copeaux de bois. Cependant, le volume des débris déversés en aval doit également être quantifié.

Cette méthode présente l'inconvénient de ne pas permettre de prédire directement le volume des débris de bois transportés lors de tempêtes dont la durée, l'intensité et la période de retour sont significativement différentes de celles observées.

De plus, la perte de surface forestière lors d'une tempête majeure aura un impact significatif sur le volume de débris de bois transportés lors d'une tempête ultérieure dans le même bassin, même s'ils présentaient exactement les mêmes caractéristiques.

- Determine the volume of the transported wooden debris based on the lost forested area along the river and reservoir; or

- Determine the volume of actually deposited wooden debris in the drainage basin and especially in the reservoir and the volume of floating debris discharged downstream of it.

The lost forested area along the rivers and reservoir may be quantified using aerial photos from before and after the flood. If no aerial photos are available, the lost areas can be assessed directly in the field. A timber stock per hectare must be known to finally determine the volume of transported wooden debris down the river and to the reservoir.

However, this method does not allow predicting directly the volume of debris actually transported to the reservoir as some of them may have deposited within the river basin during the storm event. If the volume of wooden debris deposited within the reservoir and the volume of floating debris discharged downstream of it could be established, the wood delivery ratio could be determined which is calculated as the volume of wood deposited in the reservoir and discharged downstream of it divided by the volume of forest lost.

Wooden and other floating debris may accumulate within the reservoir in front of spillways, trash racks, intakes, and gates, or as a wooden debris carpet in the reservoir. The volume of these accumulations can be determined from photos or by direct measurement. If the accumulations are removed, the volume can be derived from the number of truck loads, or if the wooden debris is shredded, from the volume of the wood chips. However, the volume of debris discharged downstream should also be quantified.

This method presents the deficiency of not allowing to predict directly the volume of the transported wooden debris during storm events having a duration, intensity and return period significantly different from those observed.

Also, the lost forested area during a major storm event will have a significant impact on the volume of transported wooden debris during subsequent storm event within the same basin even if they presented exactly the same characteristics.

# 3. IMPACTS DES DÉBRIS FLOTTANTS

## 3.1. CONTEXTE

L'accumulation de débris flottants dans les réservoirs et leur transport vers les évacuateurs de crue, les prises d'eau ou les structures de vidange de fond peuvent avoir des impacts négatifs importants sur la gestion et les fonctions d'un barrage. Cette section explore l'impact potentiel des débris flottants dans une retenue. Elle ne constitue cependant pas une analyse complète sur le sujet des impacts des débris sur les barrages mais uniquement une revue de la bibliographie, limitée aux sujets suivants :

- La stabilité et l'intégrité structurelle du barrage et de ses ouvrages annexes, en particulier les structures rigides ;

- La perte de volume de stockage des crues ;

- La réduction de la performance des systèmes de grilles au niveau des prises d'eau, des vannes et des ouvrages de vidange en période normale et en crue ;

- La réduction de la capacité de l'évacuateur de crues et la rehausse du plan d'eau associée ;

- Les problèmes opérationnels liés à l'enlèvement des débris ;

- Les effets aval.

Pour ce rapport, les impacts des débris n'incluront pas les réflexions concernant la glace. Les impacts sur les barrages et les retenues dus à la glace sont traités dans un document technique de l'USACE (2002). Le Bulletin 172, « Technical advancements in spillway design » ou « Progrès techniques dans la conception des déversoirs », récemment publié, comporte une section consacrée aux problèmes de blocage des évacuateurs de crues par la glace.

L'impact des débris sur un réservoir et les ouvrages annexes d'un barrage est un sujet pour lequel peu de recherches ou d'informations ont été rassemblées et synthétisées. La littérature existante recueillie comprend des considérations sur la conception des déversoirs dans les zones susceptibles d'être touchées par de grandes quantités de débris flottants ainsi que des études de cas. La littérature la plus détaillée se trouve dans les publications de l'US Federal Highway Administration (FHWA) et de l'US Army Corps of Engineers (USACE). Les publications de la FHWA se concentrent principalement sur les considérations relatives aux débris flottants pour les ponts et les ponceaux, mais ont également des applications pour les ouvrages annexes de barrages.

En complément de ces deux agences fédérales américaines, des articles concernant l'impact des débris flottants ont été fournis dans des publications issues des conférences de l'United States Society on Dams (USSD) et de la CIGB. En 2017, deux documents d'orientation dédiés au sujet des impacts des débris flottants sur les retenues de barrages ont été produits en Suède et en Suisse, à savoir : « Methodology for Analysing and Managing Floating Debris at Dams and Reservoirs, Energiforsk », octobre 2017 et « Bois flottant aux évacuateurs de crues des barrages », Comité suisse des barrages, novembre 2017, comme mentionné dans la section 1.2 du présent bulletin.

# 3.    IMPACTS OF FLOATING DEBRIS

## 3.1.    BACKGROUND

The accumulations of floating debris into reservoirs and their transport to spillways, intakes or bottom outlet structures can have significant negative impacts to the operations and functions of a dam. This section explores the potential impact of floating debris within a reservoir. However, it does not provide a comprehensive discussion on the subject of debris impacts to dams but only a literature review on this topic, limited to debris impacts regarding:

- Stability and structural integrity of the dam and its appurtenances, particularly rigid structures;

- Loss of flood storage space;

- Reduced performance of trash racks at intakes, gates, and outlet works for normal and flood operations;

- Reduction of spillway capacity and backwater rise;

- Operational problems related to the removal of debris;

- Downstream effects

For this report, debris impacts will not include discussions regarding ice. Impacts to dams and reservoirs due to ice are discussed in a USACE Engineering Manual (2002). The recently published Bulletin 172, Technical advancements in spillway design has a section devoted to the problems of ice blockage of spillways.

Debris impacts on a reservoir and dam appurtenances is a topic where little background research or information has been compiled. The existing literature that was discovered included design considerations of spillways in areas susceptible to large debris inflows as well as case studies. The most detailed literature is contained within US Federal Highway Administration (FHWA) and US Army Corps of Engineers (USACE) publications. The FHWA publications focus mainly on bridge and culvert debris considerations but also have applications to dam appurtenances.

In addition to the two federal agencies, articles with regard to debris impacts were provided within United States Society on Dams (USSD) and ICOLD conference publications. In 2017 two guidance documents dedicated to the subject of floating debris impacts at reservoirs were produced in Switzerland and Sweden, namely: Methodology for Analysing and Managing Floating Debris at Dams and Reservoirs, Energiforsk, October 2017 and Floating Debris at Reservoir Dam Spillway, Swiss Committee on Dams, November 2017 as referred to in Section 1.2 of this bulletin.

## 3.2. IMPACTS DES DÉBRIS FLOTTANTS

### 3.2.1. Impacts des débris flottants sur les retenues et les évacuateurs de crue

#### 3.2.1.1. Considérations générales

On s'attend à ce que l'accumulation de débris dans les réservoirs et autour des déversoirs pose des problèmes opérationnels et surtout de sécurité des barrages en raison de la réduction de la capacité des évacuateurs et des dommages structurels potentiels au barrage, aux vannes et aux autres ouvrages annexes. L'accumulation de débris peut également entraîner une perte de stockage dans le réservoir et des problèmes d'exploitation associés, ainsi qu'un impact négatif sur l'environnement ou des inondations dans le cours d'eau en aval.

L'impact le plus classique des flottants sur les déversoirs est la réduction de leur capacité d'évacuation, ce qui entraîne une remontée du plan d'eau et une augmentation de la zone inondée en amont, une augmentation de la charge sur le barrage et un possible déversement sur ce dernier. Cet impact peut être dû à :

- Un blocage par de gros débris flottants ;

- Une augmentation de la charge hydrostatique et/ou de la pression dynamique sur le barrage ou tout ouvrage vanné en raison de courants se développant sous le matériau obstruant, ce qui pourrait empêcher leur bon fonctionnement ;

- Un blocage par des débris relativement petits de clapets, de vannes fonctionnant en sous-verse ou d'autres dispositifs mobiles, y compris le blocage de leurs mécanismes.

En outre, les gros débris flottants peuvent endommager les vannes du déversoir en raison de l'impact dynamique.

L'appui de débris contre des piles d'ouvrages peut également augmenter leur taille artificiellement par effet d'accumulation. Cela a pour effet de concentrer les écoulements, augmentant les profondeurs d'eau et les vitesses, imposant ainsi aux structures des sollicitations pour lesquelles elles n'ont pas été dimensionnées.

#### 3.2.1.2. Mécanisme de blocage d'un déversoir par de gros débris flottants

Le blocage des déversoirs par de grands débris flottants a fait l'objet de la plupart des études systématiques menées à ce jour. Ce blocage peut avoir différentes origines :

- La largeur du déversoir n'est pas assez grande par rapport à la longueur des débris. Godtland et Tesaker (1994) ont proposé des critères discutés dans la section 5.2 (largeur du déversoir > 80% de la longueur du bois).

- Le dégagement vertical disponible entre la crête du déversoir et les éléments structurels supérieurs (pont, partie inférieure de la vanne lorsqu'elle est ouverte), y compris la profondeur de l'eau et le tirant d'air. Encore une fois, Godtland et Tesaker (1994) ont proposé un critère exposé dans la section 5.2 (dégagement vertical > 15–20% de la longueur du bois selon le rapport largeur du déversoir/longueur des débris) – cf. figure 3.1 ;

- Le débit et la profondeur d'approche, exprimés en fonction du nombre de Froude. Pour Fr>0,15, les débris flottants ont une plus grande tendance à être attirés vers le bas en direction du déversoir et à réduire sa capacité d'évacuation, comme indiqué dans la section 5.2 ;

## 3.2. DEBRIS IMPACTS

### 3.2.1. Debris Impacts at Reservoirs and Spillways

#### 3.2.1.1. General considerations

Accumulation of debris within reservoirs and around spillways is expected to present operational and most importantly dam safety concerns due to the reduction of spillway capacity and potential structural damage to the dam, gates, and other appurtenance structures It could also cause a loss of reservoir storage and resulting operational problems and may have adverse environmental or flooding impact on the downstream watercourse.

The most typical impact of floating debris at spillways is their reduced discharge capacity, resulting in backwater rise and increased upstream flooded area, increased load on the dam and possible dam overtopping. Such impact may be due to:

- Blockage by large floating debris;

- Increased hydrostatic load and/or dynamic pressure on the dam or any gates due to currents developing underneath the obstructing material which could prevent their successful operation;

- Blockage by relatively small debris of flap gates, underflow gates or other mobile devices, including blockage of their mechanisms;

In addition, large floating debris may cause damage to spillway gates due to dynamic impact;

Also, debris caught against piers increase their size. This concentrates the flow, increasing water depths and velocities thus placing loads on the structures which they have not been designed for.

#### 3.2.1.2. Mechanism of spillway blockage by large floating debris

The spillway blockage by large floating debris has been the focus of most systematic studies carried out to date. It can originate from different causes such as:

- The width of the spillway is not big enough compared to debris length. Godtland and Tesaker (1994) proposed criteria discussed in section 5.2 (spillway width > 80% of wooden length)

- The available vertical clearance between the spillway crest and upper structural elements (bridge, gate lower part when opened) including water depth and air clearance. Again Godtland and Tesaker (1994) proposed a criteria discussed in section 5.2 (vertical clearance > 15-20% of wooden length depending on the spillway width/debris length ratio) – refer to Figure 3.1;

- The approach flow/depth, expressed in term of the Froude number. At Fr>0.15 floating debris have a greater tendency to be drawn down towards the spillway and reduce its discharge capacity as discussed in section 5.2;

- La profondeur d'eau au-dessus de la crête du déversoir. Bénet et al. (2020) et Pfister et al. (2020) ont proposé des critères de blocage discutés dans la section 5.1 en fonction du rapport hauteur d'eau $H_o$ / diamètre de l'arbre $D_m$.

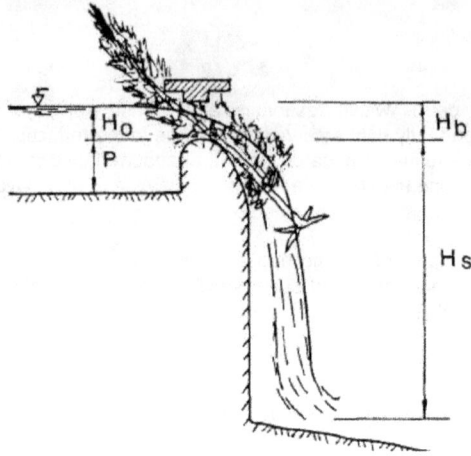

Fig. 3.1
Dégagement vertical selon Godtland et Tesasker (1994)

### 3.2.1.3. Autres impacts du blocage

Si un grand volume de débris flottants s'accumule dans la retenue, la réduction du volume de stockage peut devenir relativement importante. Pour atténuer l'impact économique négatif qui en résulterait et réduire le risque de saturation en débris flottants, associé à un risque de blocage des prises d'eau immergées et des vidanges de fond, un enlèvement régulier des débris est nécessaire.

En plus de l'incidence sur la sécurité du barrage, le blocage du déversoir par des débris flottants pourrait avoir un impact environnemental sur le cours d'eau en aval. Conformément à (Boes et al. 2017), les gros éléments de bois [généralement composé de branches de plus de 1 m de long et de plus de 0,10 m de diamètre - (Furlan et al., 2019)] contribuent à la formation du lit des cours d'eau, en fournissant un abri ainsi qu'un habitat et des sources de nourriture pour de nombreuses espèces, et améliorent généralement le fonctionnement écologique d'un plan d'eau. Par conséquent, d'un point de vue écologique, il est souhaitable de laisser du bois dans l'eau, ce qui pourrait être empêché lorsque le déversoir peut présenter un risque de blocage pour des événements de crue importants, qui ont le potentiel de générer et de transporter de grands volumes de débris flottants.

Cependant, le passage des débris flottants par le déversoir peut transférer le risque de blocage au cours d'eau en aval et ainsi y augmenter le risque d'inondation.

Lorsque les retenues sont utilisées à des fins récréatives, les débris peuvent causer des dommages aux bateaux.

Les troncs et les arbres flottants peuvent également endommager les parements amont des barrages.

### 3.2.2. Impacts des débris flottants sur les prises

L'impact des débris flottants sur les ouvrages de prise d'eau est principalement un impact économique. En effet, la capacité hydraulique de ces ouvrages est relativement faible par rapport aux évacuateurs de crue et donc leur contribution à la sécurité des barrages est limitée.

- The water depth above the spillway crest. Bénet et al. (2020) and Pfister et al. (2020) proposed criteria of blockage discussed in section 5.1 depending on the ratio water head $H_o$ / tree diameter $D_m$.

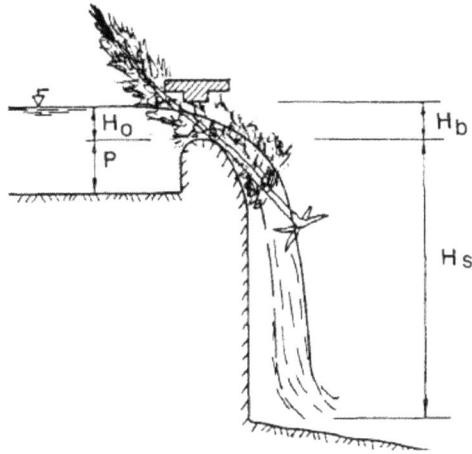

Fig. 3.1
Vertical clearance according to Godtland and Tesasker (1994)

### 3.2.1.3. Other impacts of blockage

If a large volume of floating debris is accumulated within the reservoir, the loss of storage may become relatively significant. To mitigate the resulting adverse economic impact and reduce the risk of floating debris becoming saturated, thus posing a risk of blockage to any submerged intakes and bottom outlets, regular debris removal would be required.

Besides having a bearing on dam safety, spillway blockage by floating debris could have an environmental impact on the downstream watercourse. In accordance with (Boes et al. 2017), large wood (typically composed by stems longer than 1 m and larger than 0.10 m in diameter – (Furlan et al., 2019, 2021) contributes to the formation of riverbeds, by providing shelter as well as habitat and food sources for many species, and generally improves the ecological functioning of a water body. Therefore, from an ecological perspective, it is desirable to leave wood in the water and this could be largely prevented where the spillway may be at risk of blockage during significant flood events which have the potential to generate and transport large volumes of floating debris.

However, the passage of floating debris over the spillway may transfer the risk of blockage to the downstream water course and thus increase the risk of downstream flooding.

Where reservoirs are used for recreation purposes, debris may cause damage to boats.

Floating logs and trees can also damage the upstream slopes of dams.

### 3.2.2. Debris Impacts at Intakes

The impact of floating debris at intake structures is predominantly an economic impact due to the relatively low hydraulic capacity of these structures compared to the reservoir spillways and thus limited contribution to dam safety.

Par exemple, l'obstruction de prises d'eau pour une centrale hydroélectrique ou pour une usine de traitement des eaux entraîne respectivement une perte de production d'énergie et une perte de production d'eau, ainsi que le coût associé à l'enlèvement des débris.

Qui plus est, le blocage de prises d'eau de refroidissement pourrait être critique et nécessiterait la mise en place de mesures d'urgence et de procédures de secours.

Les autres impacts d'éventuels blocages de prises d'eau sont les suivants :

- Les dégrilleurs peuvent être soumis à des contraintes excessives et se briser en raison de pression élevées et/ou déséquilibrées,

- Les vibrations des écluses, des vannes, des entretoises et des grilles peuvent provoquer leur défaillance en raison de la fatigue des matériaux.

Une section de la publication de 1997 de l'USACE traite des préoccupations relatives aux vortex aux abords des prises d'eau des centrales hydroélectriques, qui peuvent provoquer l'entraînement de débris flottants dans la turbine ou sur le système de dégrillage, gênant le fonctionnement de cette dernière. Un exemple de centrale au fil de l'eau est fourni dans lequel une couche de séparation sur le côté amont de la turbine a donné lieu à une zone d'eau en rotation. Les débris flottants qui arrivent sont de ce fait retenus à une certaine distance des grilles. Un courant vertical et radial peut potentiellement se produire dans cette zone et se transformer en vortex, aspirant l'air et les débris de la surface vers la prise d'eau. Cette situation peut nuire au bon fonctionnement de la turbine ou l'endommager. Des recommandations de conception et une formule sont fournies afin de prédire le potentiel de développement d'un vortex et d'aider à prendre des mesures correctives pour éviter l'aspiration d'air et de débris dans les turbines.

### 3.2.3. Impacts des débris flottants sur les ouvrages de vidange

L'impact de l'obstruction des ouvrages de fond sur la sécurité d'un barrage est comparable à celui de l'obstruction d'un évacuateur de crue en raison de la perte potentielle de capacité d'évacuation en cas de vidange d'urgence, cas qui pourrait s'avérer critique.

Le blocage par des débris flottants peut se produire lorsque ces débris restent dans l'eau pendant une période suffisamment longue pour qu'ils soient saturés et coulent, ce qui obstrue et/ou entrave le fonctionnement du pertuis de fond ou de la conduite forcée. Cependant, le bois frais reste généralement flottant pendant plusieurs mois (Zollinger 1983), ce qui signifie qu'il suffit de le retirer deux fois par an. A cet égard, le bois qui est resté longtemps dans l'eau et qui s'est gorgé d'eau pourrait passer sous les déflecteurs et les vannes, à moins que des dispositions ne soient prises pour une inspection et un nettoyage régulier.

L'obstruction de pertuis de fond de taille relativement petite peut également être causée par des oiseaux plongeurs tels que le Cormoran ou d'autres plongeant à des profondeurs assez importantes de 45 m ou plus. Ces oiseaux peuvent être attirés par la vitesse élevée de l'eau à l'entrée de la vidange de fond et rester coincés, ce qui peut entraîner le blocage de l'organe. Le blocage des grilles fines de certaines prises d'eau par la faune aquatique telle que les crevettes peut également être problématique.

Comme pour les prises d'eau, les vibrations des écluses, des vannes, des entretoises et des grilles dues à leur obstruction peuvent provoquer leur défaillance en raison de la fatigue des matériaux.

Un problème plus spécifique aux ouvrages de fond est que les débris peuvent empêcher la fermeture d'une vanne qui, à son tour, peut provoquer l'affouillement du seuil en raison de l'augmentation des vitesses.

For example, blockage of hydropower intakes or draw-offs for a water treatment plants entails a loss of power generation and water production respectively as well as a cost associated with the removal of such blockages.

However, blockage of cooling water intakes could be critical and would require contingency measures and emergency procedures to be put in place.

Other impacts on reservoir intakes due to blockage by floating debris include:

- Trash-racks may become overstressed and fail structurally as a result of high unbalanced pressure.

- Vibration of sluices, gates, struts and trash-racks may cause failure of such structures due to material fatigue.

A section of the 1997 USACE publication discusses concerns with vortices at hydropower plant intakes having the potential to pull floating debris into the turbine or onto the trash rack so as to cause rough turbine operations. A run-of-river power plant example is provided where a separation layer on the upstream side of the turbine gave rise to a zone of rotating water. This caused arriving floating debris to be retained some distance from the trash racks. A vertical, radial current potentially could occur in this zone that can develop into a vortex, sucking air and debris from the surface into the intake. This situation can lead to impairing the smooth running of the turbine or possible damage to the turbine. Design considerations and a formula are presented to predict the potential for vortex development to assist in countermeasures to avoid air and debris suction into turbines.

### 3.2.3. Debris Impacts at Bottom Outlets

The impact of blockage at bottom outlets on dam safety is comparable to that of spillway blockage due to the potential loss of their hydraulic capacity in case of emergency draw-down which, could be critical.

Blockage by floating debris could occur when such debris remain within the water for a sufficiently long period of time to allow them to become saturated and sink thus obstructing and / or impairing the functioning of bottom outlet or its penstock. However, fresh wood usually remains buoyant for several months (Zollinger 1983), which means that withdrawing it twice a year is sufficient. In this connection, wood that has remained in the water for a long time and become waterlogged could go under baffles and gates unless provision is made for regular inspection and cleaning.

Blockage of relatively small size bottom outlets could also be caused by diving birds such as the Cormorant or other diving to quite significant depths of 45m or more. Such birds may be attracted by the high velocity at the inlet to the bottom outlet and may become trapped causing a blockage of this structure. Blockage of fine screens for water offtakes by aquatic fauna such as shrimps can also be an issue.

Similar to reservoir intakes, vibration of sluices, gates, struts and trash-racks due to blockage may cause failure of such structures due to material fatigue.

A more specific issue at bottom outlets is that debris may prevent closure of a gate which in turn may cause scour of the sill due to increased velocities.

Le blocage des ouvrages de fond par les sédiments est une question complexe liée à la gestion des sédiments du réservoir qui sort du cadre de ce bulletin. Il convient toutefois de mentionner que lorsque le niveau de la retenue est bas ou que des sédiments arrivent au niveau d'un ouvrage de vidange ou d'une prise d'eau hydroélectrique, des débris peuvent s'accumuler sur les prises d'eau grillagées, ce qui a un impact sur le fonctionnement du réservoir. Une fois que les débris bloquent la prise d'eau, les sédiments se déposent derrière les débris accumulés, ce qui commence à limiter le passage des sédiments pendant les chasses et les éclusées, et augmente le potentiel d'enfouissement de la prise d'eau (voir USBR, 2016).

En général, les ouvrages de fond fonctionnent de manière acceptable s'ils sont situés à une profondeur qui n'affecte pas de manière significative la vitesse de surface [Dath et al., 2007].

## 3.3. CAS D'ÉTUDE

### 3.3.1. Barrage de Palagnedra

L'un des cas les plus étudiés de colmatage d'évacuateurs de crue est celui du barrage de Palagnedra en Suisse. Bruschin et al. (1982) ont rédigé une étude de cas sur le dépassement de la capacité d'évacuation du barrage et la surverse associée. La retenue est caractérisée par un bassin versant de 140 km² et des pentes très raides. Il a été constaté qu'environ 52% du bassin versant était boisé avec une fine couche de terre arable, et que les berges des cours d'eau de la zone présentaient une faible résistance à l'érosion. Palagnedra est un barrage-poids en béton en forme de voûte. L'évacuateur de crues, un déversoir profilé suivi d'une chute raide dotée d'un saut de ski, a été dimensionné pour un débit de 450 m³/s, valeur qui a été dépassée sans dommage à six reprises. Un pont, doté de treize ouvertures, a été construit au sommet du barrage. La crue du 7 août 1978, due à de très fortes pluies, a provoqué une surverse sur le barrage et d'importants dégâts, entraînant la perte de 24 vies humaines. Les très fortes pluies ont érodé de grandes parties de la forêt et du sol sur les flancs nord-ouest de la haute vallée.

On pense qu'avec l'augmentation du débit initial de la crue, un embâcle s'est créé dans le bassin versant en amont de la retenue. Puis, une première vague a été libérée, et les arbres se sont accumulés en amont du pont obstruant sa partie la plus étroite. Les vitesses d'écoulement dans le lit de la rivière ont augmenté et ont généré des érosions. Puis, une deuxième vague a charrié la plupart du bois flottant en amont du pont. À ce moment-là, le déversoir évacuait environ 1 000 m³/s. Au niveau du barrage, les troncs et les autres débris flottants ont obstrué le déversoir. Le niveau du plan d'eau a continué d'augmenter et le barrage a surversé sur toute sa longueur (le débit de pointe a été estimé à un peu moins de 2 000 m³/s dans la vallée en aval). L'étude de cas a permis de faire les observations suivantes :

- 25 000 m³ de débris flottants ont été enlevés après l'événement,

- Un volume de 1,8 x 106 m³ de sable et de gravier provenant de l'érosion a été estimé après l'événement.

La première analyse de l'événement a conclu que la surverse sur le barrage était due à un débit important combiné à l'obstruction du déversoir par des flottants. Il a été estimé que des informations supplémentaires ne pouvaient être obtenues que par modélisations physique et mathématique.

Un modèle physique a été développé pour mieux comprendre le comportement du volume de bois qui a bloqué le déversoir. Les observations les plus marquantes ont été les suivantes :

- Le flux principal de l'eau pouvait passer au-dessus ou en-dessous des troncs qui s'accumulaient en amont d'un obstacle,

- Lorsque des éléments flottants rencontrent un obstacle, ils peuvent s'accumuler/ s'empiler presque immédiatement. Une vague se déplaçant vers l'amont en transportant des débris flottants est alors générée.

The blockage of bottom outlets by sediments is a complex issue related to the reservoir sediment management which is outside of the scope of this Bulletin. It should be mentioned though that during low reservoir levels or periods when sediment arrives to an outlet works or hydropower intake, woody debris can accumulate on grated intakes, impacting reservoir operations. After the woody debris blocks the intake, sediment then deposits behind the accumulated debris, beginning the process of limiting sediment passage during flushing and sluicing, and increasing the potential for eventual burial of the intake (refer to USBR, 2016).

Generally, bottom outlets perform acceptably if they are located at a depth that does not significantly affect the surface velocity [Dath et al., 2007]

## 3.3. CASE STUDIES

### 3.3.1. Palagnedra Dam

One of the most studied case histories with regards to spillway clogging is that of Palagnedra Dam in Switzerland. Bruschin et al. (1982) authored a case study of the overtopping of Palagnedra Dam. The reservoir has a drainage area of 140 km$^2$, and the slopes are very steep. It was found that about 52% of the watershed is afforested with a thin topsoil layer, and there is a weak resistance to erosion on stream banks in the area. Palagnedra is a concrete arch gravity dam. The spillway, an ogee crest on top of the dam with a steep ski-jump chute on its downstream face, was designed with a flood capacity of 450 m$^3$/s, which had been exceeded without damage on six occasions. A bridge was constructed above the top of the dam, having thirteen openings. A flood on August 7, 1978, from very heavy rainfall, caused overtopping of the dam and excessive damage with 24 lives lost. The very heavy rain eroded large areas of the forest and soil on the northwest flanks of the upper valley.

It was thought that as the initial flood discharge increased, a log jam was created within the watershed area above the reservoir. Then, a first wave was released, and the logs started to obstruct at the narrowest part of the bridge upstream. The flow accelerated in the river bed and produced scouring. A second wave caught most of the floating wood upstream of the bridge, where it became a bore. At this time, the spillway was discharging about 1,000 m$^3$/s. At the dam, the logs and wooden debris obstructed the spillway. The water continued to rise, and the dam overtopped along the whole length (the peak discharge was estimated at a little less than 2,000 m$^3$/s into the downstream valley). The case study yielded the following observations:

- There was 25,000 m$^3$ of debris loading after the event.

- There was 1.8 x 10$^6$ m$^3$ of sand & gravel from erosion after the event.

The first analysis on the event concluded the overtopping of the dam was due to a large discharge combined with the debris spillway obstruction. It was felt that additional information could be obtained only through physical and mathematical modelling.

A physical model was developed to get a better understanding of the behaviour of the wood mass that blocked the spillway. The most significant observations were:

- The main flow of water was able to pass over or under logs accumulating upstream of an obstacle.

- When wooden bodies meet an obstacle, they may form a new stack almost immediately. A surge which travels upstream carrying some wooden material is then generated.

Les résultats du modèle physique ont donné lieu aux recommandations suivantes pour la reconception du barrage/déversoir :

- Surélévation des culées de 4 m pour empêcher la surverse,

- Suppression du pont supérieur et des piliers de soutien pour laisser une crête continue,

- Surélévation et reprofilage des murs-guideaux du déversoir afin d'assurer une évacuation non perturbée du débit de projet,

- Écartement des piliers du déversoir d'au moins 12 m pour éviter l'accumulation potentielle de débris flottants.

Après l'incident, le déversoir de crue a été redimensionné pour une crue de projet de 2 200 m³/s. Le pont existant au sommet du barrage a été transformé, passant d'un déversoir à 13 ouvertures à une longueur ininterrompue de 80 m. Le saut de ski a été modifié pour pouvoir évacuer un débit cinq fois supérieur à la crue de dimensionnement initiale, et ainsi permettre à un débit pouvant aller jusqu'à 3 300 m³/s de transiter sans surverse sur le barrage.

L'étude a conclu que de nombreux facteurs devaient être pris en compte dans la conception du déversoir et la disposition générale des ouvrages. Ces facteurs sont les suivants :

- L'environnement hydrologique et météorologique,

- Les archives historiques de catastrophes et d'incidents,

- L'étude des zones de production élevée de sédiments,

- L'analyse de la stabilité des pentes et des couches supérieures de sol dans les zones boisées.

### 3.3.2. Barrage de Sa Teula

Une autre étude de cas concerne le barrage de Sa Teula, en Sardaigne (Italie), en décembre 2004. Cet événement a impliqué un important afflux de débris flottants qui a réduit le débit drainé vers les galeries, empêchant l'ouverture des vannes du déversoir. La non-ouverture des vannes a réduit la largeur de déversement à surface libre, empêchant le relargage des débris flottants. S'en est suivi un blocage presque complet des ouvertures, provoquant une surverse par-dessus le barrage. L'important volume de débris - qui a provoqué l'accumulation de troncs d'arbres entre la vanne et la passerelle - finalement provoqué la rupture de la vanne et son détachement complet du barrage.

Sur la base de la documentation technique [Hartung & Knauss (1976), Gotland & Tesaker (1994), et Bruschin et al. (1982)], les éléments suivants sont suggérés pour une évaluation plus ciblée et une minimisation des blocages potentiels :

- Analyse des typologies végétales et des pratiques forestières dans le bassin versant pour comprendre la charge potentielle en débris.

- L'espacement des piliers au sommet du déversoir doit être d'au moins 80% de la taille maximale des arbres déplacés par les écoulements.

The results of the physical test included the following recommendations for re-design of the dam/spillway:

- Raising the abutments by 4 m to prevent overtopping,

- Removal of the top bridge and supporting piers to leave a continuous crest,

- Raising and remodelling of spillway guidewalls to ensure undisturbed discharge of complete runoff, and

- Setting the spillway piers apart at least 12 m to avoid potential build-up of woody debris.

After the incident, the flood spillway was re-designed for a design flood of 2,200 m³/s. The existing bridge on top of the dam was transformed from a spillway with 13 openings, to an unbroken length of 80 m. The ski jump was modified to accommodate a discharge five times larger than the original design flood, passing up to 3,300 m³/s without overtopping the dam.

The study concluded that there were many factors needed to be included in the design of the spillway and the general facility layout. These included:

- Hydrological and meteorological environment,

- Historical records of catastrophes and incidents,

- Examination of high sediment yield, and

- Examination of slope stability and top layers in afforested areas.

### 3.3.2. Sa Teula Dam

Another case study was for the Sa Teula Dam, Sardinia, Italy in December 2004. This event involved a large inflow of floating debris which reduced the flow of water to the galleries, preventing the spillway gates to open. The lack of the gate openings restricted the width of the free overflow spillways, impeding the release of floating debris. The result was an almost complete blockage of the openings, causing the dam to overtop. The large debris load - which caused tree trunks to be trapped between the gate and footbridge - ultimately caused the failure of the gate, and its complete detachment from the dam.

Based on technical documentation [Hartung & Knauss (1976), Gotland & Tesaker (1994), and Bruschin et al. (1982), the following are suggested for a more focused evaluation and minimization of possible blockages:

- Analysis of vegetative typologies and forestry practices in the watershed to understand potential debris loading.

- Pillar spacing on top of the spillway should be at least 80% of the maximum size of the trees moved by the current.

- S'ils ne sont pas bloqués par une superstructure, les enchevêtrements et les arbres isolés peuvent être retenus le long de la crête jusqu'à ce que le niveau au droit du déversoir atteigne 1/6 de la longueur de l'arbre (c'est-à-dire le diamètre des racines des arbres flottants). La plupart des enchevêtrements de flottants passent une crête dénuée de superstructure lorsque la hauteur de surverse atteint 10–15% de la hauteur des arbres formant l'enchevêtrement ; lorsqu'une superstructure est présente, avec une distance inter-piliers conforme au point précédent, la plupart des enchevêtrements transitent à l'aval lorsque la hauteur de surverse atteint 15–20% de la longueur des arbres.

- Le vent et les vagues contribuent normalement peu à la force totale d'ancrage des flottants, à moins que l'écoulement soit très lent ou que le vent et les vagues soient particulièrement forts.

- Il est peu probable que les ouvrages à surface libre se colmatent de manière significative. Dans les conduits fermés, le colmatage peut être évité si trois conditions sont respectées, à savoir : a) des parois lisses, b) pas de contractions ou d'obstructions, et c) pas de coudes brusques.

- Les vannes doivent être installées de manière à former un jet concentré au centre de la prise d'eau. Les vannes levantes sont à éviter, sauf si le nombre d'ouvertures est important, car les arbres risquent d'être aspirés sous leur bord inférieur lors de la fermeture. Les vannes segment, secteur et à clapet doivent être utilisées si possible, pour éviter le problème du colmatage.

- Les essais sur modèle numérique et les modèles physiques sont des outils indispensables pour la conception des déversoirs exposés à de grandes quantités de débris flottants.

- If not obstructed by superstructure, tangles and single trees may be withheld along the crest until the overflow level reaches 1/6 of the tree length (i.e. the root diameter of the floating trees). Most (debris) tangles will pass the crest without superstructure when the overflow depth reaches 10-15% of the height of trees forming the tangle; where a superstructure is present, with pillar distance according to the preceding bullet, most tangles will pass when the overflow height reaches 15-20% of the tree length.

- Wind and waves normally contribute little to the total anchor force unless the flow is very slow or the wind and waves are of extraordinary strength.

- Open conduits are unlikely to become seriously clogged. In closed conduits, clogging can be avoided if three conditions are adhered to, i.e. a) smooth walls, b) no contractions or obstructions, and c) no sharp bends.

- Gates should be installed in order to form a concentrated jet-flow in the center of the intake. Lift gates should be avoided unless there are a large number of openings due to the danger of trees being drawn below their lower edge during closure. Drum, sector and flap gates should be used if possible, to avoid the clogging problem.

- Model tests and physical models are indispensable tools in the design of spillways exposed to large amounts of floating debris.

# 4. ATTÉNUATIONS DES IMPACTS DES CORPS FLOTTANTS

## 4.1. CONTEXTE

Les mesures d'atténuation visant à réduire les impacts potentiels des corps flottants sur la sûreté des barrages peuvent être classées en trois grandes catégories : les mesures prises dans le bassin versant, la rétention et l'enlèvement des débris dans la retenue ainsi que l'évacuation des débris par l'évacuateur de crue. En outre, des mesures supplémentaires d'exploitation, de maintenance et d'urgence doivent normalement être envisagées en combinaison avec l'une des principales mesures d'atténuation citées.

## 4.2. LES MESURES PRISES DANS LES BASSINS VERSANTS

Afin de limiter l'impact des débris flottants sur la sécurité des barrages, l'idéal serait de l'atténuer à la source, c'est-à-dire en entretenant et en gérant correctement les zones situées en amont des barrages afin de réduire l'afflux de corps flottants dans les réservoirs. Cependant, cette solution est techniquement complexe et coûteuse, car elle doit également répondre à certaines autres exigences (écologiques, touristiques, industrielles, ...). Elle nécessite donc la coopération de nombreuses entités, qui ont des intérêts divers, parfois au-delà des frontières juridictionnelles, en particulier lorsque le bassin versant est vaste, comme c'est le cas pour de nombreux barrages.

Dans la gestion du bassin versant, l'accent est mis sur la promotion de bonnes pratiques de gestion des territoires en prenant des mesures préventives de protection de la forêt et en coordonnant et contrôlant les activités de construction, les pratiques d'exploitation du bois et les opérations minières, par exemple :

- Dégager les arbres susceptibles de tomber ;

- Construire des pièges à embâcles en amont de la retenue, et enlever périodiquement les débris accumulés ;

- Coordonner et minimiser le défrichement des forêts ;

- Prendre des mesures de déboisement dans les zones adjacentes aux cours d'eau et au réservoir ;

- Assurer un drainage adéquat et/ou renforcer les zones de pentes pour prévenir l'érosion des sols et les glissements de terrain potentiels qui entraînent la végétation vers les cours d'eau transitant vers le réservoir ;

- Replantation rapide et traitement des sols dans les zones d'exploitations minières et forestières afin de prévenir une érosion excessive,

- Création de pièges à embâcles en aval des zones exploitées pour empêcher le déplacement du bois abattu,

- Création d'une zone tampon sans construction le long des cours d'eau et du réservoir proprement dit ;

# 4.    MITIGATING IMPACTS OF FLOATING DEBRIS

## 4.1.    BACKGROUND

Mitigation measures to reduce the potential impacts of floating debris on dam safety can be classified into three broad areas: measures taken within the catchment area, retention and removal of debris within the reservoir and passage of debris through the spillway. Besides, additional operational, maintenance and contingency measures would normally be considered in conjunction with any of the above main mitigation measures.

## 4.2.    MEASURES TAKEN WITHIN THE CATCHMENT

The impacts of floating debris on dam safety would be ideally mitigated at the source, namely through the proper maintenance and management of the areas upstream of the dam to reduce the inflow of floating debris to the reservoirs. However, this is normally difficult, technically complex and expensive as it would also need to meet the inherent ecology and various other requirements. Thus, it requires the cooperation of many parties and entities, which have diverse interests, possibly across different jurisdictional boundaries, particularly when the catchment area is large, as with many dam projects.

In catchment management, the emphasis is to promote good practices in land management by taking preventive forest protection measures and coordinating and controlling construction activities, timber harvesting practices, and mining operations in the catchment areas, such as:

- Clear trees prone to falling

- Constructing debris dams upstream of reservoir, and periodic removal of accumulated debris.

- Coordinating and minimizing strip clearing of the forests.

- Carry out deforestation measures within an edge zone adjacent to water courses and the reservoir

- Providing adequate drainage and/or reinforcement of slopes to prevent soil erosion and potential landslides which carry vegetation to streams leading to the reservoir.

- Rapid re-planting and land treatment in logged and mined areas to prevent excessive erosion

- Creating timber barriers downstream of logged areas to prevent movement of downed timber downstream

- Providing a no-construction buffer zone along streams and the reservoir proper

- Si les bassins versants sont exploités pour le bois ou sont habités, au minimum, les zones de stockage des grumes récoltées et les bâtiments doivent être installés en dehors de la zone inondée pour la crue centennale ;

- Travailler avec les compagnies forestières et/ou les autorités compétentes afin de mettre en œuvre des mesures de conservation des forêts et des plans de zonage afin de réduire le potentiel de débris d'origine humaine dans les bassins versants ;

- Contrôler les éléments d'origine humaine susceptibles d'affecter les potentiels glissements de terrain, tels que les exutoires des canalisations ou les écoulements de surface des routes ou d'autres zones imperméables ;

- Effectuer un nettoyage régulier du réservoir pour éliminer la tourbe flottante, les arbres tombés, les embâcles, etc.

Le défrichage de la zone de la retenue étant l'une des activités inhérentes aux projets de barrages, une planification et une exécution adaptées sont également essentielles pour réduire les problèmes potentiels de corps flottants pour les opérations de production à venir.

De nombreux problèmes liés aux corps flottants peuvent être évités s'il existe un programme complet et efficace de nettoyage des réservoirs. En outre, une grande partie des négociations avec les propriétaires fonciers et les sociétés forestières pour maintenir de bonnes pratiques de gestion des bassins versants peut également être formulée au début du projet.

En général, pour le déboisement d'une retenue, un expert forestier doit être engagé pour :

- évaluer les effets des phénomènes naturels agissant sur le déboisement comme la glace (dans les régions froides) et les vagues ;

- réaliser une caractérisation détaillée du peuplement forestier dans la retenue pour l'utilisation en bois d'œuvre ;

- réaliser une caractérisation générale des peuplements forestiers dans l'ensemble du bassin versant afin de minimiser la production de corps flottants.

Les crues dans le réservoir et les affluents peuvent déraciner les arbres, créant ainsi des débris flottants. Par conséquent, l'objectif de déboisement est d'avoir un dégagement minimal de 1,5 m sous la cote minimale d'exploitation et jusqu'au niveau d'eau maximum du réservoir.

Dans les régions froides, la glace est un très bon agent naturel de déboisement. La glace se forme en hiver pendant les périodes où le niveau d'eau des retenues est élevé. Dans une forêt inondée, la glace a tendance à se fixer autour des troncs d'arbres. Lorsque le niveau du réservoir baisse, les arbres agissent comme des colonnes soutenant le champ de glace. Si la glace est épaisse et si le niveau d'eau du réservoir baisse rapidement, le poids de la glace brisera les arbres par compression, créant ainsi des débris flottants dans le réservoir. Par conséquent, il est essentiel que le défrichage de la forêt dans le réservoir soit effectué de manière à respecter la limite de dégagement de 1,5 m sans aucun arbre dans la retenue, en particulier dans les régions froides.

Pour minimiser la génération de bois flottants dans un bassin versant qui a été exploité, il est important d'avoir une caractérisation détaillée des peuplements forestiers dans la zone de stockage, notamment :

- les restes non brûlés provenant de sites défrichés ;

- les restes provenant d'anciens sites brûlés ;

- les débris laissés par les phénomènes naturels, comme la glace, le vent ou les feux de forêt.

- Siting temporary holding yards for harvested logs and any buildings outside of the 100-year floodplain at a minimum, if the watersheds are being logged for timber or are inhabited

- Working with the forestry companies and/or respective jurisdictional governments to implement forest conservation measures and zoning plans to reduce the potential of human-generated debris on the watersheds

- Control man-made features that could affect potential landslides such as discharges from pipes or surface run-off from roads or other impermeable areas

- Carry out regular clearing of the reservoir from floating peat, fallen trees, log jams etc.

Because clearing of land within the reservoir area is one of the integral construction activities for reservoir projects, good planning and execution are also essential for the reduction of potential floating debris problems for plant operations in the future.

Many of the issues with floating debris could be prevented if there is a comprehensive and effective reservoir clearing program. In addition, much of the negotiation with landowners and forestry companies to maintain good catchment management practices could also be formulated at the beginning of the project.

In general, for reservoir clearing, a forest consultant should be engaged to:

- evaluate the effects of natural clearing agents like ice (in cold regions) and waves

- conduct a detailed characterization of the forest stands in the reservoir for timber utilization

- conduct a general characterization of the forest stands in the entire watershed area to minimize the generation of floating debris

Flooding in the reservoir and tributaries kills trees, thus creating floating debris. Therefore, the clearing objective is to have a minimum of 1.5-m clearance of all timber below the minimum drawdown level and up to the maximum reservoir water level.

In cold regions, ice is a very good natural tree clearing agent. Ice forms in the winter time during high reservoir water level periods. In an inundated forest, ice tends to fuse around the tree trunks. When the reservoir level drops, the trees act as columns supporting the ice field. If the ice is thick and if the reservoir water level drops quickly, the weight of the ice would break the trees by compression, thus creating floating debris in the reservoir. Therefore, it is essential that the clearing of the forest in the reservoir should be done in such a way to adhere to the 1.5-m clearance limit with no trees in the reservoir, particularly in cold regions.

To minimize the generation of floating debris in a catchment which has been logged, it is important to have a detailed characterization of the forest stands in the reservoir area including;

- unburned debris from cleared sites,

- debris from old burned sites, and

- debris left by the natural clearing agents, like ice, wind, or forest fires.

Nonobstant les avantages offerts par un entretien et une gestion efficace des bassins versants drainés par les retenues, il convient de noter que tout grand système au sein du bassin versant assurant une rétention efficace des objets flottants présente également un risque de libération soudaine en cas de rupture, des débris et de l'eau retenus. Cela aurait un effet négatif sur les barrages situés plus en aval. Ces structures doivent donc être conçues et dimensionnées pour l'événement hydrologique considéré dans la conception des barrages.

Il convient également de reconnaître que, malgré un entretien et une gestion appropriés des forêts et la mise en place de pièges à embâcles, dans certains cas, la présence dans les retenues de bois flottants de taille importante ne peut être exclue.

Le Corps du génie de l'armée de terre des États-Unis (USACE, 1997) a examiné de nombreuses structures de rétention des flottants aux États-Unis et en Europe. Le rapport fournit un exemple d'une conception efficace dans le sud de l'Allemagne, appelée "treibholzfang". Il s'agit d'un dispositif en V orienté vers l'aval, composé de poteaux ancrés dans le lit de la rivière à un espacement correspondant à la longueur minimale des flottants à capturer. Cette disposition est efficace et crée également des effets de remous minimaux. Les seuls inconvénients sont son coût initial élevé et le fait qu'elle nécessite un programme d'entretien pour enlever régulièrement les débris capturés. Les Fig. 4.1 à 4.5 montrent les dispositions et la conception tirées de cette publication.

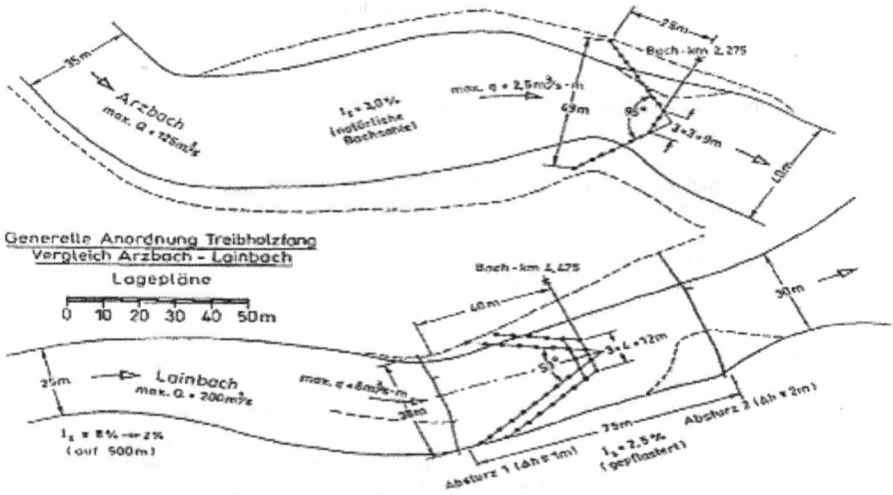

Fig. 4.1
Configuration générale du dispositif "Treibholzfang"

Notwithstanding the benefits provided by effective maintenance and management of the reservoir catchments, it should be noted that any large systems within the catchment providing effective retention of floating debris could also pose a risk of sudden release of the water and debris impounded behind them in case of their sudden collapse. This would have an adverse effect on dams located further downstream and could happen if such structures have not been designed for the storm event considered in the design of these dams.

It should be also recognised that, despite any forest maintenance and management and the provision of wood retention measures, the occurrence of large wood debris at reservoirs in some cases cannot be ruled out.

The U.S. Army Corps of Engineers (USACE, 1997) reviewed and discussed many of the debris retention structures in the USA and Europe. The report provides an example of an effective design to capture floating debris in Southern Germany called "treibholzfang". The device is a downstream pointing V-device made of posts anchored to the river bed at spacing matching the minimum length of the floating debris to be captured. This arrangement is effective and also creates minimum backwater effects. The only drawbacks are its high initial cost and that it requires a maintenance program to remove the captured debris on a regular basis. Fig. 4.1 through to Fig. 4.5 show the arrangements and design, taken from this publication.

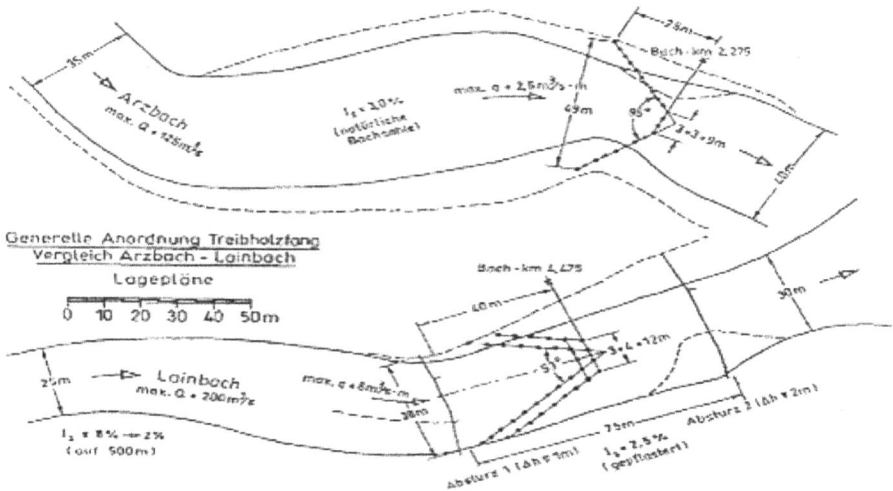

Fig. 4.1
General arrangement of the "Treibholzfang" device

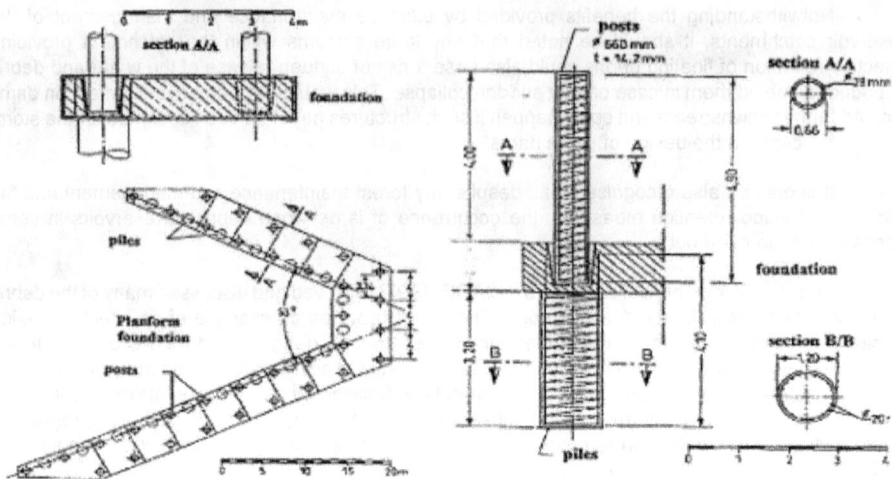

Fig. 4.2
Détail de construction du dispositif "Treibholzfang" (modifié d'après Knauss 1985)

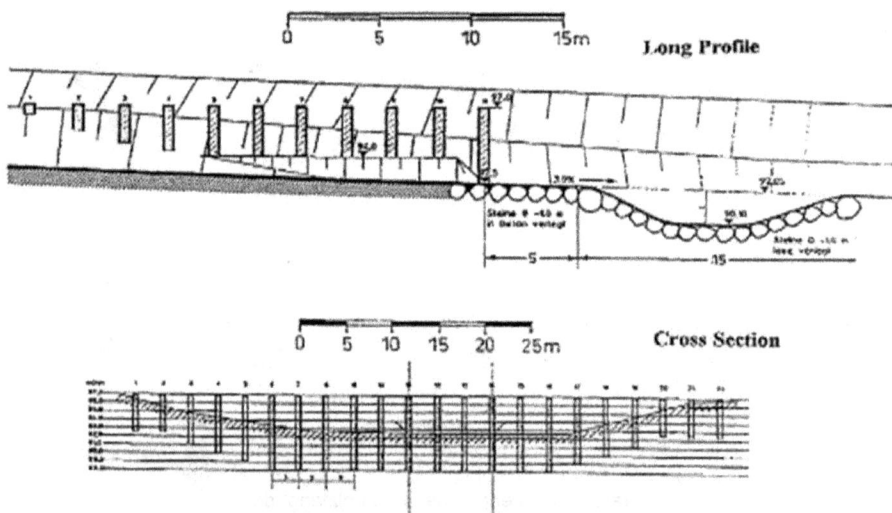

Fig. 4.3
Plan du dispositif "Treibholzfang"

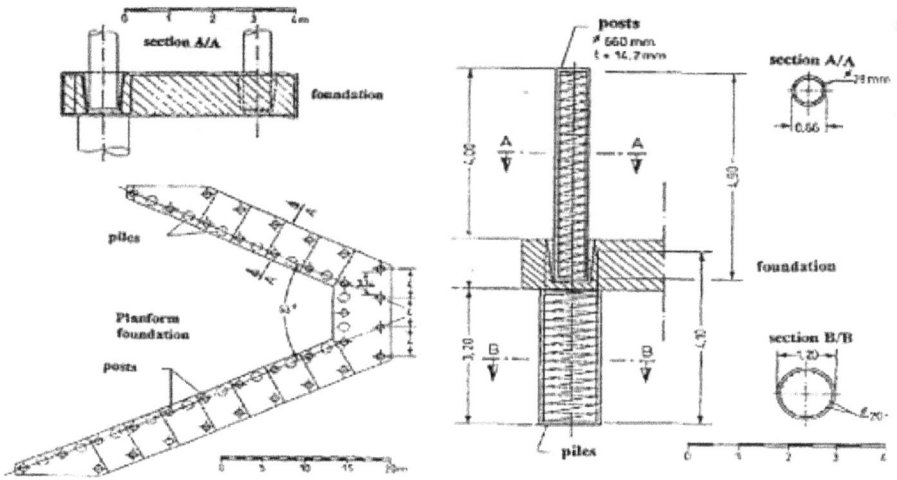

Fig. 4.2
Construction detail of the "Treibholzfang" device (modified from Knauss 1985)

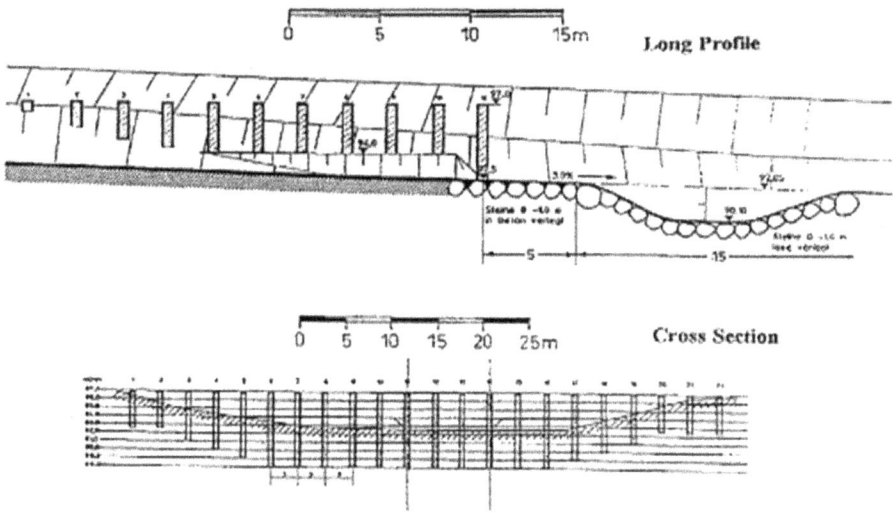

Fig. 4.3
Design plan of the "Treibholzfang" device

Fig. 4.4
Dispositif "Treibholzfang" sur la rivière Lainback (vue aval)

Fig. 4.5
Dispositif "Treibholzfang" sur la rivière Lainback (vue amont)

Source : Le Corps du génie de l'armée de terre des États-Unis (1997)

Un autre dispositif utilisé en Suisse, développé à l'École Polytechnique Fédérale de Zurich, pour les cours d'eau de montagne des Alpes à forte pente et contenant de grandes quantités de flottants et de sédiments, est un petit bassin de rétention doté de déversoirs à grille inclinée et de casiers à déchets disposés à l'exutoire, comme le montre la Fig.4.6.

Fig. 4.4
"Treibholzfang" device on River Lainback (viewed downstream)

Fig. 4.5
"Treibholzfang" device on River Lainback (viewed upstream)

Source: United States Army Corps of Engineers (1997)


Another device employed in Switzerland, developed at the Swiss Federal Institute of Technology, Zurich, for steep Alps mountain streams with large quantities of debris and sediment, is a small retention basin with slanting grilled weirs and box-type trash racks at the outlet as shown in Fig.4.6.

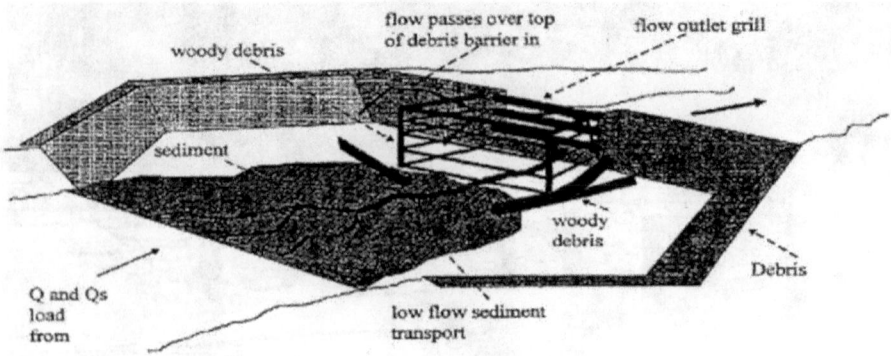

Fig. 4.6
Bassin de rétention de flottants

La Fig. 4.7 présente une conception récente d'un système de rétention, utilisant une combinaison de grands supports en bois et de câbles réutilisés, installé sur la rivière Chiene, dans le canton de Berne (Photo : Emch + Berger AG), Boes et al. (2017).

Fig. 4.7
Grands porte-câbles en bois installés sur la rivière Chiene, canton de Berne

(Photo : Emch + Berger AG), Boes et al. (2017)

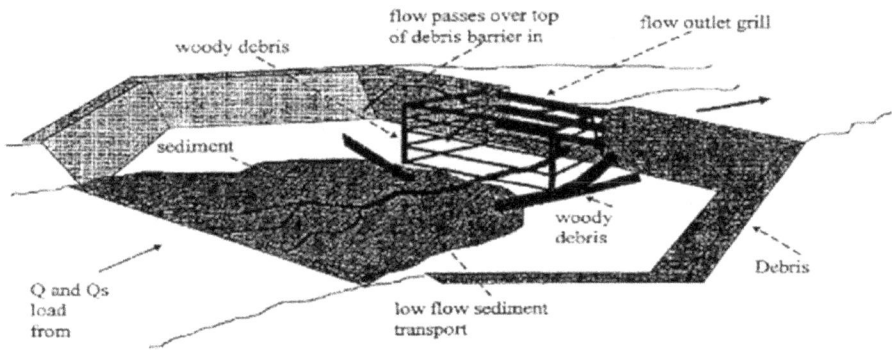

Fig. 4.6
Debris retention basin with debris protection device

A large wood retention system of recent design, using a combination of large wood and trash cable racks installed on the Chiene river, Canton Bern is shown in Fig. 4.7 (Photo: Emch + Berger AG), Boes et al. (2017).

Fig. 4.7
Large wood and trash cable racks installed on the Chiene river, Canton Bern

(Photo: Emch + Berger AG), Boes et al. (2017)

## 4.3. RÉTENTION ET RETRAIT DES CORPS FLOTTANTS DANS LA RETENUE

### 4.3.1. Généralités

La rétention et l'enlèvement des corps flottants dans la retenue peuvent être envisagés lorsque les mesures prises dans le bassin versant ou les mesures visant à faire passer les flottants par l'évacuateur de crue sont peu pratiques voire impossibles à mettre en œuvre ou lorsque le passage des débris n'est pas autorisé pour des raisons écologiques ou de sécurité, compte tenu du contexte aval. De telles mesures sont aussi normalement envisagées lorsque le volume attendu des flottants entrant dans la retenue n'est pas trop élevé et peut être retiré à un coût raisonnable.

Ces systèmes visent à prévenir le blocage et l'endommagement de l'évacuateur de crue et de tout équipement mécanique connexe.

Étant donné que les grands systèmes de rétention de corps flottants peuvent présenter un risque de libération soudaine d'eau, ainsi que des débris retenus, dans le cas d'un blocage complet, ils doivent être conçus pour résister aux sollicitations maximales envisageables (hydrauliques, liées aux débris ainsi que toute autre sollicitation possible).

### 4.3.2. Rétention de débris

#### 4.3.2.1. Pièges à embâcles au contact de l'évacuateur de crue

Les pièges à embâcles amont constituent le système de rétention des débris le plus courant. Ils doivent normalement être placés en amont de l'entrée de l'évacuateur de crues, là où la profondeur d'eau est suffisante pour que l'écoulement puisse encore passer sous le peigne en cas de blocage complet. Dans ces circonstances, la vitesse sous ce dernier ne doit pas dépasser 1 m/s (Boes et al.). Cela favorise une rétention efficace, les corps flottants étant retenus sous la forme d'un tapis monocouche mobile, plutôt que d'être attirés vers le fond, et réduit ainsi largement la perte de charge additionnelle due au blocage.

Si nécessaire, les pièges peuvent être positionnés à un angle de 15 à 30° par rapport à la verticale (Hartlieb, 2015) à un endroit où une profondeur plus importante peut être obtenue sous le tapis de débris, réduisant ainsi davantage l'effet du remous. Dans ce dernier cas, les dispositions d'accès pour l'enlèvement des débris accumulés deviennent plus onéreuses.

L'espacement entre barres du peigne doit être le plus grand possible, tout en s'assurant qu'il retient les gros flottants dépassant la largeur de la partie la plus étroite du déversoir. Selon une étude réalisée par Lange & Bezzola (2006), les flottants d'une longueur de $L \geq 1,5 \cdot e$ peuvent être retenus contre le piège dont l'espacement libre entre les barres est de « e ».

Le piège doit être positionné suffisamment en amont de la structure du déversoir, mais pas trop, de sorte que les débris flottants passant entre les barres restent alignés avec l'écoulement et ne bloquent pas la structure du déversoir.

Les pièges amont peuvent prendre des formes variées.

La figure 4.8 ci-dessous présente un exemple de piège amont installé devant le déversoir du barrage en béton de Thurnberg à RiverKamp en Autriche.

## 4.3. RETENTION AND REMOVAL WITHIN THE RESERVOIR

### 4.3.1. General

Debris retention and removal within the reservoir could be considered where measures within the catchment or measures to pass debris through the spillway are impractical or not possible to implement or passage of debris is not permitted for ecological or safety reasons considering the downstream river reaches. Such measures would also normally be considered where the expected volume of the floating debris entering the reservoir is not too high to be removed at a reasonable cost.

Such systems are aimed at preventing the blockage and damage of the reservoir spillway and any appurtenant mechanical equipment.

Since large wood retention systems could pose a risk of sudden release of the water and debris impounded behind them in case of their collapse, they should be designed to withstand the maximum possible debris, hydrostatic and other loads imposed on them and their supporting structures considering a full blockage scenario.

### 4.3.2. Debris retention

#### 4.3.2.1. Wood racks

Large wood racks are the most common debris retention system. They should normally be positioned upstream of the spillway inlet where sufficient water depths exist such that the flow could still pass under the rack in the event it became completely blocked. Under such circumstances, the velocity under the rack shall not exceed 1 m/s (Boes et al.). This would promote efficient retention, whereby floating debris are retained in the form of a loose floating single layer carpet, rather than being pulled down, and would thus largely reduce the additional head loss due to the blockage.

Where necessary, the racks could be positioned at an angle of 15-30dge to the vertical (Hartlieb, 2015) or further upstream where greater depths under the debris carpet could be achieved thus reducing further the backwater level rise. In the latter case, the access arrangements for removal of the accumulated debris would become more onerous.

The clear spacing between the racks should be as large as possible, while ensuring that it retains large wood exceeding the width of the narrowest part of the spillway. According to a study carried out by Lange & Bezzola (2006), wood with a length of $L \geq 1.5 \cdot s$ can be retained at a rack with a clear bar spacing of s.

The wood rack shall be positioned sufficiently but not too far upstream of the spillways structure, so that any floating debris passing between the racks remain aligned with the flow and do not block the spillway structure.

Wood racks could take various forms and shapes.

An example of a large wood rack installed in front of a concrete dam spillway at the Thurnberg reservoir at RiverKamp in Austria is shown below in Fig. 4.8.

Fig. 4.8
Grille grossière de Thurnberg au RiverKamp en Autriche

(Photo : Ministère fédéral de l'agriculture, des forêts, de l'environnement et de la gestion de l'eau en Autriche), Boes et al. (2017).

Bénet et al. (2020) ont entrepris des tests systématiques et paramétriques sur des modèles physiques. Ils ont montré qu'un simple piège amont constitué de barres verticales placées en amont des piles du déversoir pouvait empêcher dans certaines conditions la réduction de débitance. La figure 5.3 montre la disposition d'un piège composé de barres situées à 0.5×b en amont du déversoir (b est la largeur du déversoir ne respectant pas les critères de Godtland et Tesaker : b < 80% de la longueur des débris).

Au lieu d'une grille grossière, Hartlieb et Overhoff (2006) ont installé dix piliers verticaux disposés en demi-cercle, loin de l'entrée du déversoir du barrage de Grüntensee (Bavière, Allemagne). La distance de dégagement entre les piliers est d'environ 1.6 m (approximativement la largeur de la partie la plus étroite du déversoir du barrage) - voir Fig. 4.9.

Fig. 4.8
Large wood rack at the Thurnberg reservoir at RiverKamp in Austria

(Photo: Federal Ministry of Agriculture, Forestry, Environment and Water Management Austria),
Boes et al. (2017).

Bénet et al. (2020) undertook systematic and parametric tests on physical models. It was showed that a simple rack made of vertical bars placed upstream of spillway peers could prevent from any loss of discharge capacity under given conditions. Fig. 5.3 shows the layout of a vertical rack made of bars located at 0,5b upstream the spillway (b is spillway width not respecting the Godtland and Tesaker criteria: b < 80% of debris length).

Instead of a rack placed closely in front of the spillway inlet Hartlieb and Overhoff (2006) installed ten vertical rack pillars arranged in a semicircle, far away from the inlet to the spillway of the Grüntensee dam (Bavaria, Germany). The clearance distance between the pillars is around 1.6 m (approximately the width of the narrowest part of the dam spillway) – refer to Fig. 4.9.

Fig. 4.9
Piliers verticaux à l'entrée du déversoir du barrage de Grüntensee (Bavière, Allemagne),
Boes et al. (2017).

Une structure de collecte des grumes basée sur le principe du "treibholzfang", développé pour capturer les corps flottants dans les canaux ou les rivières, a été installée sur le déversoir de faible hauteur du barrage de South Para en Australie-Méridionale (voir Fig. 4.10).

Fig. 4.10
Structure de collecte des grumes sur le barrage de South Para dans le sud de l'Australie

Fig. 4.9
Vertical rack pillars at the inlet to the spillway of the Grüntensee dam (Bavaria, Germany),
Boes et al. (2017)

A log collection structure based on the 'treibholzfang' system, developed to capture debris in river channels, has been installed on the low-level spillway at South Para Dam in South Australia (refer to Fig. 4.10).

Fig. 4.10
A log collection structure on South Para Dam in South Australia

Une autre variante du concept des peignes à flottants est la mise en place de poteaux de rétention des débris, installés en une ou plusieurs rangées, comme c'est le cas pour le barrage de Lee Green au Royaume-Uni (voir Fig. 4.11).

Fig. 4.11
Disposition de poteaux antidébris - Barrage de Lee Green au Royaume-Uni.

Suite à de graves inondations en 2002, le déversoir du barrage de Znojmo sur la rivière Dye, dans le sud de la Moravie, a été presque entièrement bloqué par des corps flottants. Des piliers en acier ont depuis été installés en amont du déversoir, comme illustré sur la Fig. 4.12.

Fig. 4.12
Piège constitué de piles d'acier du barrage de Znojmo en Moravie

Another variation of the concept of wood racks is the provision of debris retention posts, installed in one or several rows, as provided at the Lee Green reservoir in the UK (refer to Fig. 4.11).

Fig. 4.11
Debris posts arrangement at the Lee Green Reservoir in the UK


Following severe floods in 2002, the spillway of the Znojmo Dam on the river Dye in southern Moravia was almost entirely blocked by floating debris. Following this, a steel wood rack frame was installed upstream of the spillway as illustrated in Fig. 4.12.

Fig. 4.12
Steel 'wood' rack frame at the Znojmo Dam in Moravia

Une autre structure de piège à flottants étudiée par Yang et Stenstrom (2011) est la « visière » à débris. Elle est conçue en forme d'arc, dont la courbure dépend de la topographie du réservoir devant le déversoir, voir la figure 4.13.

Fig. 4.13
Modèle physique de la « visière » à débris

La « visière » est constituée d'un certain nombre de voiles de soutien constitués de dalles triangulaires orientées de manière à suivre approximativement la direction principale de l'écoulement. La « visière » s'étend sur l'ensemble de la section.

Une caractéristique importante de la « visière » est que sa surface d'écoulement nette est plus grande que celle des ouvertures du déversoir.

Des tests ont montré que la densité des arbres joue un rôle dans le comportement des débris. Les arbres ayant une faible densité se coincent en travers et restent en surface. L'écoulement a tendance à pousser les arbres vers l'aval des voiles. Les arbres ayant une densité plus élevée s'approchent de la « visière » et sont souvent piégés dans sa partie inférieure. Le système racinaire des arbres a une incidence sur les résultats des tests. Dans le modèle, la densité des racines de certains arbres est plus importante que celle du tronc. Par conséquent, certains arbres, en particulier ceux dont la densité spécifique est tout juste inférieure à 1,0, peuvent flotter presque verticalement lorsqu'ils s'approchent du piège. Leurs racines peuvent toucher le fond du réservoir. Ces arbres peuvent y rester coincés plus ou moins dans le sens de l'écoulement.

Au début des tests, quelques arbres solitaires passent à travers la structure. Ces arbres peuvent souvent passer le déversoir, car ils suivent la direction principale de l'écoulement. Lorsque de nombreux arbres sont interceptés, le colmatage entraîne une différence de niveau d'eau à travers la « visière » et l'écoulement a également tendance à entraîner les arbres vers le bas. Selon la distribution de la densité, les arbres interceptés peuvent couvrir toute la hauteur immergée de la « visière ». Les pertes de charge à travers la structure peuvent être significatives, bien que moins importantes que pour certaines des autres formes de pièges à débris qui ont été modélisées.

An alternative wood rack structure studied by Yang and Stenstrom (2011) is the debris visor. It is designed to be arc-shaped, the curvature of which is dependent on the channel-like reservoir topography in front of the spillway, refer to Fig. 4.13.

Fig. 4.13
Debris Visor in physical model

The visor consists of a number of supporting piers of triangle-shaped slabs that are oriented in such a way that they approximately follow the main flow direction. The visor stretches over the whole water passage.

One important feature of the visor is that its net flow area is larger than that of the spillway openings.

Tests showed that the tree density plays a role in the debris behaviour. Those trees having low density get stuck crossways and stay in the surface water. The flow has a tendency to push up the trees along the sloping piers. Tree with higher density approach the visor obliquely in the water and often get caught in the lower part of the visor. The root system of the trees does make a difference to the test results. In the model, roots of some trees weight more than the trunk per length meter. As a result, some trees, especially those with a specific density just below 1.0, can float almost vertically when approaching the visor. Their roots may touch the reservoir bottom. In relation to the tree length tested, the water upstream of the visor is shallow. Those trees get stuck in the visor more or less in the flow direction.

In the beginning of the tests, some solitary trees pass the visor. Those trees can often pass the spillway as they follow the main flow direction after the visor. When many trees are intercepted, the clogging results in certain water level difference across the visor and the flow has also a tendency to drag down the trees. Depending on the density distribution, the intercepted trees may cover the whole visor height in the water. The head losses across the visor can be significant, although less than some of the other forms of debris passage that were modelled.

Cet article et d'autres (ICOLD 2009, Q91 R4) décrivent des études sur modèles physiques et optimisent les conceptions de « visières » à débris, dont l'usage est peu répandu.

Un effet similaire à celui produit par les pièges et les « visières » à flottants (bien que légèrement plus faible) peut être obtenu en dotant le déversoir de piles et de bajoyers dont le musoir fait saillie dans le réservoir. Dans certains cas, cela permet de maintenir le tapis de flottants à l'écart de la crête du déversoir et, par conséquent, la débitance peut ne pas être affectée.

Des essais ont été réalisés au Laboratoire de Constructions Hydrauliques (LCH) de l'EPFL, en Suisse, pour évaluer le blocage d'un seuil déversant équipé de piles, par des troncs artificiels. Lorsque les troncs bloquent le déversoir perpendiculairement à la direction de l'écoulement (pontage entre deux piles), un tapis flottant de troncs se développe et empêche les gros spécimens d'atteindre la crête du déversoir, n'augmentant donc pas le niveau d'eau de la retenue en amont du déversoir. Cependant, lorsque les flottants sont alignés parallèlement à la direction de l'écoulement, un embâcle de bois condensé peut se développer, provoquant une augmentation du niveau d'eau du réservoir (Furlan et al, 2019, 2021).

Le test a également indiqué que les premiers troncs qui se bloquent au niveau du déversoir ont tendance à déterminer la forme et la composition de l'embâcle, devenant ainsi des éléments clés qui contrôlent le processus de blocage. Le mouvement des troncs lors de l'approche du réservoir apparaît erratique, les troncs ayant tendance à s'aligner dans la direction de l'écoulement uniquement à proximité du déversoir. Il a également été observé que des troncs se déplaçaient les uns au-dessus des autres en plusieurs couches verticales, ayant ainsi influencé le processus de blocage (Furlan et al., 2019, 2021).

### 4.3.2.2. Cloisons déflectrices

Lorsque les évacuateurs de crues doivent être protégés contre les petits débris, des cloisons déflectrices peuvent être une solution alternative pragmatique quand l'espace n'est pas suffisant pour mettre en place un peigne. Lorsqu'il y a un fort marnage, les cloisons déflectrices peuvent être conçues flottantes.

Les cloisons déflectrices doivent descendre suffisamment profondément, cette profondeur étant fonction de la vitesse d'écoulement sous la cloison. Une profondeur minimale de 1 m sous la surface de l'eau doit être prévue conformément au rapport du Comité suisse des barrages (Boes et al., 2017).

L'inconvénient d'un tel dispositif est que tout débris suffisamment dense peut encore passer sous la cloison et bloquer le déversoir. Par conséquent, une telle solution doit être mise en œuvre en association avec une stratégie d'enlèvement régulier des débris flottants accumulés dans la retenue ainsi qu'avec un accès et des moyens appropriés d'enlèvement réguliers des débris retenus devant les cloisons.

Un dispositif semblable de déflecteur a été installé devant le déversoir en touches de piano positionné sur la crête de la tulipe du barrage de Black Esk en Ecosse, voir la figure 4.14.

This and other papers (ICOLD 2009, Q91 R4) outline model studies and optimize designs for debris visors, the use of debris visors to protect debris build up on spillways is not understood to be widespread.

A similar, though somewhat reduced, effect to that produced by wood racks and debris visors, can be achieved by providing the spillway with piers which noses protrude into the reservoir. In some cases, this would allow the floating carpet of stems to be kept away of the weir crest and thus the discharge capacity may not be affected.

Laboratory tests were carried out in the Laboratory of Hydraulic Constructions (LCH) at the EPFL, Switzerland to evaluate the blockage at an ogee crested spillway equipped with piers by artificial stems. They indicated that where stems block the spillway perpendicular to the flow direction (bridging between two piers) a floating carpet of stems develop which prevents the large wood to reach the weir crest, thus not increasing the reservoir water level upstream of the weir. However, where stems were aligned parallel to the flow direction a condensed wood jam could develop causing an increase of the reservoir water level (Furlan et al, 2019, 2021).

The test also indicated that the firsts stems that block at the weir tend to determine the shape and composition of the jam, thus becoming key elements that control the blockage process. The movement of stems for a reservoir flow approach was observed to be erratic with stems tending to align to the flow direction close to the weir. Stems were also observed to move above each other in several vertical layers which influenced the blockage process (Furlan et al., 2019, 2021).

*4.3.2.2. Skimming baffles*

Where the spillway structure is to be protected against the passage of very small debris, skimming baffles could present a pragmatic alternative to wood racks having reduced spacing. Where water levels are subject to high fluctuations such skimming walls should be designed as floating baffles.

Skimming baffles should be sufficiently submerged with due consideration of the velocity of flow under the baffle. As a minimum, a depth of 1m below the water surface should be provided in accordance with the Swiss Committee on Dams report (Boes et al., 2017).

A disadvantage of such an arrangement is that any waterlogged debris may still pass under the baffle and block the spillway. Therefore, such a solution should be implemented in conjunction with a strategy for regular removal of floating debris accumulated within the reservoir as well as with suitable access and means of regular removal of debris retained in front of the baffles.

A partially baffled arrangement has been provided in front of the Piano Key Weir installed on the crest of the Black Esk reservoir shaft overflow structure, refer to Fig. 4.14.

Fig. 4.14
Black Esk PKW, Royaume-Uni - Rehausse du déversoir en touches de piano surmontant
la tulipe (Source : Black & Veatch Ltd.)

### 4.3.2.3. Dromes flottantes

Les barrières flottantes ou « dromes » peuvent être utilisées pour retenir ou diriger les corps flottants dans une zone dédiée non critique protégeant ainsi de tout blocage l'évacuateur de crues et les éventuelles prises d'eau. La figure 4.15 illustre une installation classique de barrière flottante.

Fig. 4.15
Drome classique

Fig. 4.14
Black Esk PKW, UK - Belmouth Shaft Overflow Raising (Source: Black & Veatch Ltd.)

### 4.3.2.3. Floating booms

Floating barriers or 'booms' could be used to retain or divert floating debris to a dedicated passage area thus protecting the reservoir spillway and any intakes from blockage. A typical floating boom installation is shown in Fig. 4.15.

Fig. 4.15
Typical Floating Boom Installation

La conception d'une barrière flottante doit prendre en compte la morphologie et la quantité des débris susceptibles d'être capturés et doit faire partie de leur plan de gestion intégrée.

Les principaux facteurs à prendre en compte dans l'estimation des sollicitations sont les suivants :

- Le marnage du réservoir ;

- L'étendue du tapis de débris et l'estimation de son épaisseur moyenne ;

- Les débits des crues ;

- Les débits d'entrée et de sortie de la retenue dans des conditions normales et exceptionnelles (tempêtes) ;

- La vitesse et la direction des courants de surface dans la retenue ;

- La vitesse et la direction du vent sur la retenue dans la zone du tapis ;

- Étendue et épaisseur du tapis de glace

- Les combinaisons des conditions de crue et de vent ;

- La hauteur des vagues ;

- La géométrie de la drome.

Les charges réelles et les combinaisons de charges choisies dépendront de l'importance des structures, du danger qu'elles représentent et, par conséquent, du niveau de protection requis.

Les deux principaux éléments contribuant aux forces agissant sur la drome sont le vent et l'eau. La drome et le tapis de débris se trouvent à l'interface entre l'air et l'eau et sont donc soumis aux forces d'inertie et à la viscosité des fluides.

Une évaluation détaillée des descentes de charges sur les barrières flottantes sort du cadre du présent bulletin, mais il existe un grand nombre de publications dédiées à ce sujet. L'une des publications les plus complètes est « La conception des dromes faisant barrière à la glace » ("The design of Ice Booms") de Foltyn et Tothill (1996). Perham (1988) donne également un aperçu des problèmes de retenue des débris et le guide technique USACE 1102-2-1612, « Ingénierie de la glace » ("Ice Engineering") (2002) donne un compte rendu complet de la théorie et de la pratique en ce qui concerne les dromes faisant barrière à la glace.

Même si les barrières flottantes constituent une mesure de réduction d'embâcles relativement peu chère et facile à installer, elles représentent une solution moins robuste que les peignes ou pièges en amont immédiat de l'évacuateur. Elles sont en effet susceptibles de rompre en cas de sous-dimensionnement ou en cas d'une exposition à des charges extrêmes et non anticipées. Par conséquent, le risque de blocage du déversoir en raison de la libération soudaine d'un grand volume de débris s'avère accru.

Les barrières flottantes peuvent être équipées d'un filet (jupe) immergé constitué d'écran perméable pour réduire le passage du bois en général, et du bois vert flottant en particulier, comme illustré sur la Fig. 4.16.

The design of the boom needs to take into account the type and quantity of the debris likely to be captured and must be part of an integrated plan for the management of the debris.

The main factors to be considered in the estimation of debris boom loads are:

- Maximum and minimum water levels

- Extent of the debris mat and average thickness

- Flood water levels

- Reservoir inflows and outflows during normal and storm conditions

- Water speed and direction

- Wind speed and directions

- Extent of the ice mat and thickness

- Combinations of flood and wind conditions

- Wave heights

- Boom span and geometry

The actual loads and the load combinations selected will depend on the importance of the structures, the hazard that they pose, and as a result, on the level of protection required.

There are two major elements contributing to the forces acting on a debris boom, wind and water. The debris boom and debris mat are at the interface between air and water and are acted on by forces of inertia and the viscosity of the fluids.

A detailed evaluation of the derivation of boom loads is beyond the scope of this Bulletin, however there are a significant range of publications dealing with loads on debris booms. One of the more comprehensive publications is "The design of Ice Booms" by Foltyn and Tothill (1996). Perham (1988) provides an overview of the problems of controlling debris and the USACE Engineering Manual 1102-2-1612, "Ice Engineering" (2002) gives a comprehensive account of the theory and practice of control measures.

Even though floating booms are a cost efficient and relatively easy to install debris mitigation measure, they represent a less robust solution than wood racks and are prone to failure if undersized or subjected to extreme and unexpected loads. As a result, the risk of blockage of the reservoir spillway due to the sudden release of large volume of debris may further increase.

Floating booms can be equipped with an underwater net made of chains to reduce the passage of wood in general, and of floating fresh wood in particular as illustrated on Fig. 4.16.

Fig. 4.16
Drome (Photo : H. Czerny, Ministère de l'agriculture, la foresterie,

l'environnement et gestion de l'eau de l'Autriche), Boes et al. (2017)

Le rapport du Comité suisse des barrages concernant les débris flottants sur les barrages-réservoirs ("Floating Debris at Reservoir Dam Spillways", Boes et al., 2017) met en évidence les principaux risques et faiblesses des barrières flottantes, à savoir notamment :

- Les bois flottants (BF Bois Flottant - LW Large Wood) peuvent couler sous la barrière flottante, surtout s'ils sont restés longtemps dans l'eau et présentent alors une densité plus élevée ;

- En cas de forts courants, le bois flottant peut également être transporté sous la structure de rétention ;

- Les dérives de glace peuvent endommager ou détruire les structures ;

- Il convient de considérer dans le dimensionnement de la drome une éventuelle vidange du réservoir afin que la chaîne ne reste pas en suspension dans l'air ce qui peut entraîner son usure.

Le rapport Suisse fournit également un retour d'expérience sur l'application des barrières flottantes sur le lac de Thoune, le lac de Brienz et le lac de Bienne en Suisse. Il en ressort par exemple que :

- En raison des forts courants, les barrières flottantes ne doivent pas être placées directement devant les déversoirs, mais à distance, plus en amont dans le lac ;

- Les bouées intermédiaires de fixation nécessitent souvent d'être placées dans les zones peu profondes des grands lacs, où les courants sont encore très forts. Les bois flottants peuvent alors passer plus facilement sous la barrière flottante ;

- Les dromes flottantes ne peuvent être contrôlées que de jour et par faible vent (max 3–4 Beaufort ou 3,5 à 8 m/s) car sinon les opérations sont trop dangereuses et les bouées/flotteurs peuvent être soulevées ou tirées vers le bas par le bois flottant surfant sur les vagues ;

- Etant donné que le vent tourne souvent après de fortes précipitations, le bois flottant doit être retiré le plus rapidement possible de la barrière de rétention. Sinon, il risque d'être emporté par le vent hors de la structure de rétention et risque d'être dispersé sur l'ensemble du lac.

Fig. 4.16
Floating rack (Photo: H. Czerny, Federal Ministry of Agriculture, Forestry,

Environment and Water Management, Austria), Boes et al. (2017)

The report of the Swiss Committee on Dams on Floating Debris at Reservoir Dam Spillways (Boes et al., 2017) highlights some of the main risks and deficiencies presented by floating barriers including:

- Large Wood (LW) may sink under the floating barrier, especially if the wood has been in the water for a long time and exhibits a higher density;

- In strong currents, the wood can also be transported underneath the retention structure;

- Ice drifts could damage or destroy them;

- Barriers chain may be left hanging in the air at very low reservoir levels which may result in their failure.

It also provides feedback from experience with the application of LW barriers on Lake Thun, Lake Brienz and Lake Biel in Switzerland as follows:

- Due to strong currents, LW barriers should not be placed directly in front of weirs, but rather further upstream in the lake;

- Attachment buoys often have to be placed in shallow areas of large lakes, where the currents are still very strong. LW can thus pass more easily under the floating barrier;

- Floating barriers are only fastened during daylight and with little wind (max 3 – 4 Beaufort or 3.5 to 8 m/s) as operations are otherwise too dangerous and buoys may be lifted or pushed down by LW due to waves;

- Since the wind often turns after heavy precipitation, LW is removed as quickly as possible from the barrier. Otherwise it could be blown away from the retention structure by the wind, and scattered over the entire lake

En conclusion, le rapport indique qu'à de faibles vitesses d'écoulement, les dromes flottantes peuvent être utilisées comme un outil pour retenir et guider le bois flottant. Cependant, dans les situations de crue apportant de grandes quantités de bois flottant, la robustesse des barrières flottantes ne peut pas être garantie comme le montrent plusieurs ruptures, dont celle du barrage de Montsalvens en Suisse en 2015.

Cette conclusion est également corroborée par Bradley et al. (2005) qui suggèrent que les barrières flottantes ne conviennent que pour des dimensions et des volumes de débris "petits" à "moyens".

Dans le même esprit, S. Astrand & F. Persson (2017) mettent en exergue le risque généré par la rupture des dromes flottantes (en raison des forces qui agissent sur elles et qui dépassent potentiellement celles pour lesquelles elles ont été conçues) libérant soudainement de débris. Ils indiquent également que dans le cas des barrières flottantes, il a été identifié dans le cadre des projets DSIG (Dam Safety Interest Group) qu'il est très difficile de les concevoir pour des conditions extrêmes et de pouvoir compter sur leur bon fonctionnement dans une situation réelle. Par conséquent, les connaissances dans ce domaine doivent encore être améliorées afin de pouvoir concevoir de manière fiable les barrières flottantes, notamment vis-à-vis des charges dynamiques.

### 4.3.2.4. Grilles anti-embâcles

La méthode conventionnelle pour gérer l'afflux de corps flottants devant les prises d'eau consiste à utiliser des grilles anti-embâcles associées à un dégrilleur qui retire les débris capturés en continu et les stocke temporairement à proximité. Cependant, cette méthode ne peut traiter que des quantités relativement faibles et occasionnelles de débris, et non les débris issus d'une crue majeure, pouvant mettre en danger la sécurité du barrage en entravant le fonctionnement des évacuateurs (notamment vannés).

Comme pour la conception des peignes à embâcles, l'obstruction des grilles anti-embâcles peut être atténuée en prévoyant de vastes zones de grilles immergées afin de réduire les vitesses d'écoulement et d'empêcher les débris d'être noyés et d'en obstruer les parties inférieures.

Des dispositions peuvent être prises pour mesurer les niveaux d'eau de part et d'autre de la grille, ou pour mesurer le débit à l'entrée et à la sortie afin que tout blocage soit identifié et aussitôt éliminé.

Les grilles anti-embâcles doivent normalement être conçues pour résister à la charge résultant d'un blocage complet. Toutefois, dans certains cas, lorsque l'accès aux grilles est difficile, il peut être préférable que celles-ci soient conçues pour rompre sous une certaine charge hydraulique, empêchant ainsi le blocage complet d'une prise d'eau ou d'un exutoire de fond, évitant ainsi le recours à des plongeurs pour les nettoyer.

Le risque de blocage des grilles anti-embâcles peut également être atténué par la mise en place de dérivations.

Le manuel C786 portant sur les pertuis, grilles et évacuateurs ("Culvert, screen and outfall manual") par CIRIA (Benn et al., 2019) définit les bonnes pratiques pour la conception, l'évaluation, la gestion et l'exploitation des grilles de sécurité et des grilles anti-embâcles en amont des pertuis en Angleterre et au Pays de Galles, dont certaines s'appliquent également aux grilles anti-embâcles des prises d'eau.

### 4.3.3. Enlèvement des corps flottants

L'enlèvement des corps flottants est une mesure qui ne peut être utilisée seule que lorsque le risque que des débris atteignent la structure du déversoir est très faible et qu'un blocage complet du déversoir ou de la prise d'eau ne génère pas de risque pour la sécurité du barrage.

In conclusion the report states that at low flow velocities, floating barriers can be used as a tool for retaining and guiding LW. In flood situations with high amounts of LW, however, the robustness of floating barriers cannot be guaranteed as shown by several failures, including the failure at the Montsalvens reservoir in Switzerland in 2015.

This conclusion is also corroborated by Bradley et al. (2005) suggest that floating barriers are only suitable as a measure for 'small' and 'medium' LW debris dimensions and volumes.

In the same spirit, S Astrand & F Persson (2017), reiterate the risk posed by floating booms/chains breaking due to the forces acting on them potentially exceeding those they have been designed for thus generating a sudden release of debris. They also state in the case of floating booms, it has been identified as part of DSIG projects that it is very difficult to design them for extreme conditions and be able to rely on them to operate in a real situation. Therefore, knowledge in this area still needs to be improved in order to be able to reliably design floating booms with regard to dynamic loads.

### 4.3.2.4. Intake trash racks

The conventional way to manage the inflow of floating debris at reservoir intakes is to use trash-racks with scrapers which remove the captured debris continuously and place the debris onto designated areas on the dam proper. However, this method can only handle relatively small and occasional debris quantities, not debris accompanying design flood events which could endanger the safety of the dams by hindering spillway gate operations.

Similar to the design of wood racks, the blockage of intake trash racks could be mitigated by providing ample trash rake submerged areas in order to reduce velocities and prevent debris from being drown down and obstructing the lower parts of the rack.

Also, arrangements could be made for providing differential head measurement across the trash racks or flow measurement within the inlet/bottom outlet pipe so that any blockages are identified and cleared in due time.

Trash screens should normally be designed to withstand the loading resulting from full blockage. However, in some cases, where access to the trash screens is difficult, it may be preferable for these to be designed to collapse under a certain head preventing the full blockage of the intake or bottom outlet and avoiding the need to use to divers to clean them.

Alternatively, the risk of blockage of trash screens may be mitigated via the provision of by-passes.

The CIRIA C786 Culvert, screen and outfall manual (Benn et al., 2019) sets out good practice for the design, assessment, management and operation of debris and security screens upstream of culverts in England and Wales some of which is also applicable to trash racks at intakes.

### 4.3.3. Debris removal

Debris removal is a measure that may only be relied upon when there is very low potential for debris reaching the spillway structure and where a full blockage of the spillway or intake structure would not pose a risk to the safety of the dam.

L'enlèvement des corps pendant une crue nécessite habituellement la mobilisation et l'installation d'équipements spécifiques lourds, incluant des bateaux, des pelles à longs bras, des équipements de raclage automatisés, etc. Cependant, l'enlèvement du bois flottant bloquant un déversoir pendant une crue est susceptible de s'avérer très difficile en raison de la vitesse élevée du courant, des effets d'aspiration sous la surface de l'écoulement et du blocage des débris. Par conséquent, dans la plupart des cas, il faut empêcher les débris d'atteindre le déversoir et les retenir dans des zones de faible vitesse pour faciliter si nécessaire leur enlèvement pendant une crue. Les grandes quantités de flottants ne peuvent être enlevées qu'après la crue. L'enlèvement de corps flottants à l'aide de pelles mécaniques est illustré sur la Fig. 4.17 ci-après.

Fig. 4.17
Enlèvement de corps flottants à l'aide de pelles pendant la crue de 2015- Barrage de Yarzagyo en Birmanie

(Photo : M. Wieland), (Boes et al., 2017)

Puisque les bois verts flottants se maintiennent à la surface pendant plusieurs mois, il suffirait normalement de les enlever deux fois par an pour éviter qu'ils n'atteignent le déversoir ou qu'ils ne coulent et n'obstruent les vidanges ou les prises d'eau immergées.

## 4.4. PASSAGE OU DÉVIATION DES FLOTTANTS À TRAVERS L'ÉVACUATEUR

### 4.4.1. Passage des flottants dans l'évacuateur

Pour les barrages situés dans des zones sujettes à de fortes charges de débris flottants, leur caractérisation doit être intégrée dans la phase de conception du projet. La structure de l'évacuateur doit alors être conçue ou modifiée en se référant aux critères d'évaluation de la probabilité de blocage fournis dans la section 5.2, en particulier :

- Les passes de l'évacuateur doivent être suffisamment larges et hautes ou ;

- Il existe un déversoir à surface libre (sans superstructure) qui est suffisamment large et ;

Removing debris during a flood event would normally require the installation of or access to heavy machinery, including boats, excavators, automated trashrack equipment etc. However, removing large wood blocking a spillway during a flood event is likely to be very difficult due to the high velocity, draw-down and wedging effects. Therefore, in most cases debris should be prevented from reaching the spillway and should be retained in areas of low velocity for ease of their removal during a flood event if necessary. Large amounts of debris are only possible to remove after the flood event. The removal of floating debris with excavators is illustrated in Fig. 4.17 below.

Fig. 4.17
Removal of floating debris with excavators at the Yarzagyo dam, during the 2015 flood in Myanmar

(Photo: M. Wieland), (Boes et al., 2017)

Since floating debris normally remain buoyant for several months, removing them twice a year would be sufficient to prevent them from reaching the spillway or sinking and obstructing bottom outlets or submerged intakes.

## 4.4. PASSAGE OR DIVERSION OF DEBRIS THROUGH THE SPILLWAY

### 4.4.1. Debris passage

For dams in areas which are prone to heavy floating debris loads, characterization of the floating debris should be incorporated in the design phase of the project. The spillway structure should then be designed or modified with reference to the criteria for assessment of the likelihood of blockage provided in Section 5.2, in particular:

- The weir bays of the spillway structure should be large and tall enough or;

- There is a free spillway structure (without superstructure) which is wide enough and;

- La vitesse, la profondeur d'approche et le fonctionnement des organes annexes de fond pendant la crue de projet, ne doivent pas entraîner des débris vers la crête du déversoir et l'obstruer.

En outre, le rapport du Comité suisse des barrages (Boes et al., 2017) fournit des indications sur les ajustements et les mesures d'atténuation possibles, notamment :

- Supprimer les piles, les ponts et les ouvrages de régulation de débits lorsque cela est possible afin d'augmenter le tirant d'air ;

- Concevoir des passerelles mobiles/amovibles/fusibles qui puissent être rapidement retirées ou emportées par les crues en cas d'urgence ;

- Éviter/remplacer les ouvrages de régulation générant des écoulements sous les structures (vannes à levage/abaissement verticaux) et utiliser des ouvrages de régulation déversants tels que des clapets et des bouchures gonflables ou des vannes tambour/secteur qui sont moins susceptibles d'être obstruées ;

- Placer les organes de manœuvre en dehors de la zone d'impact des gros débris flottants ou protéger par des capotages les composants susceptibles d'être touchés ;

- Si des grilles grossières sont positionnées directement sur la crête, les déplacer plus en amont où les vitesses sont plus faibles ;

- Concevoir les structures hydrauliques afin de faciliter le passage de flottants (formes rondes, entrées en forme de corolle, têtes de pilier arrondies, etc.) ;

- Prévoir un pilier isolé devant le déversoir du barrage pour réorienter les troncs qui flottent transversalement à la direction de l'écoulement, à condition qu'ils soient situés suffisamment en amont du déversoir (Boes et al.). Normalement, il est recommandé un pilier cylindrique pour des raisons de coût et de contrainte de construction (Waller et al. 1996).

Il faut également tenir compte du risque d'endommagement du coursier de l'évacuateur et des dispositifs de dissipation d'énergie par des débris flottants, en particulier en présence de blocs de dissipation ou de tout autre ouvrage dissipateur.

### 4.4.2. Déviation des corps flottants

Des structures de déviation des corps flottants peuvent également être utilisées pour les guider vers des déversoirs en mesure de les faire transiter. Une telle structure a été incorporée au projet hydroélectrique de Cowlitz Falls dans l'État de Washington, aux États-Unis. L'ouvrage est un dispositif de barrière flottante en forme de V orienté vers l'amont qui comprend des ballasts au-dessus et en dessous de la ligne de flottaison. Les ballasts sont remplis d'eau lorsque le niveau d'eau est bas afin que la structure flotte au niveau de la ligne de flottaison. Lorsque le niveau d'eau est haut, l'eau est évacuée hors des ballasts pour augmenter la flottabilité. Ce dispositif est fixé en amont des prises d'eau usinières, afin de guider les corps flottants vers les passes du déversoir qui sont situées de part et d'autre de ces premières.

Un schéma de cette structure, ainsi que des photos de ce dispositif fixé au barrage dans le modèle physique pendant les essais hydrauliques, tirées de Western Canada Hydraulic Laboratories Limited (WCHL, 1989), sont présentés dans la Fig. 4.18.

- The approach velocity and depth and any bottom outlets operating during the design storm event would not cause debris to be pulled down to the weir crest and obstructing it.

Furthermore, the Swiss Committee on Dams report (Boes et al., 2017) provides guidance on the possible adjustments and mitigation measures including:

- Removal of pillars, bridge structures and regulating structures where possible to increase clearance;

- Design foot bridges such that they can be quickly removed or washed-away in an emergency

- Avoid/replace regulating structure generating undercurrents (vertically lifted/lowered gates) and use overflowable regulating structures such as flap gates and inflatable weirs or drum/sector gates which are less susceptible to obstruction;

- Locate drive shafts outside of the area of impact by large floating debris or protect obstruction prone components with casings

- Relocate any coarse rakes positioned directly on the crest further upstream where velocities are lower;

- Design the inlet structures to facilitate the passage (round shapes, trumpet shaped inlets, rounded pillar heads etc.)

- Provide a free-standing pillar in front of the dam spillway to re-orientate trunks floating transversely to the flow direction as long as they are located sufficiently upstream of the spillway (Boes et al.). Normally, a circular cylindrical pillar is advisable for cost and construction method reasons (Waller et al. 1996)

Due consideration should also be given to the potential for damage of spillway chutes and energy dissipators by floating debris, especially where baffle blocks or other protrusions are present.

### 4.4.2. Debris diversion

Debris diversion structures can also be used to guide floating debris to the spillways for discharge. Such a structure was incorporated in the Cowlitz Falls Hydro Project in the State of Washington, U.S.A. The structure is an upstream pointing V-shape floating barrier device which incorporates positive displacement buoyancy chambers above the waterline, with submerged eductor chambers below the normal water line. The chambers are filled with water at low flow conditions so that the structure will float at the waterline. At high flows, water is sucked out of the educator chambers to increase the buoyancy. This device is attached to the portion of the dam where the power intakes are located, to guide the floating debris to the spillway bays which are situated on both sides of the power intakes.

shows a sketch of this structure, together with photos with the device attached to the dam in the hydraulic model during testing, taken from Western Canada Hydraulic Laboratories Limited (WCHL, 1989) – see Fig. 4.18.

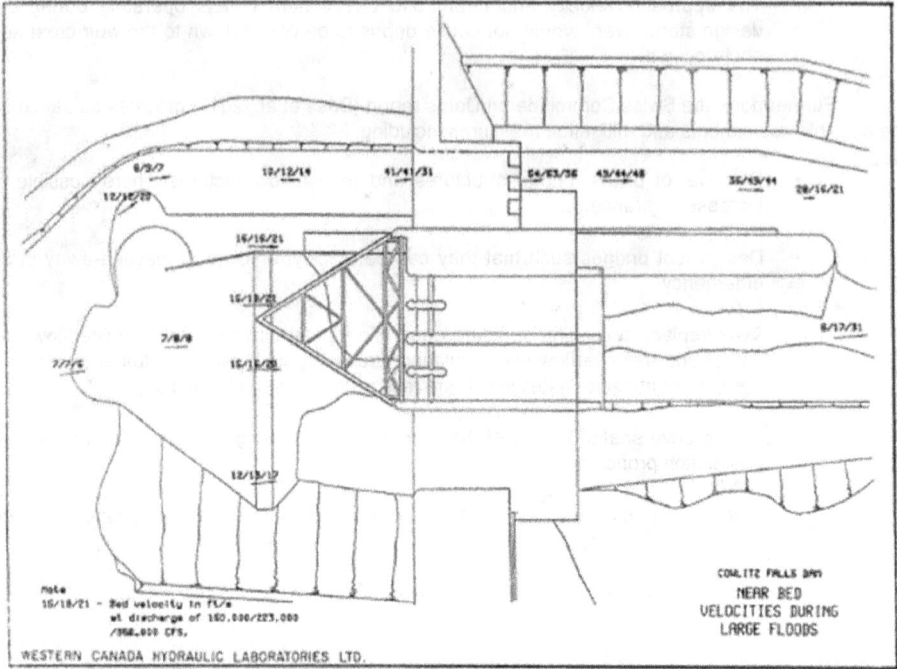

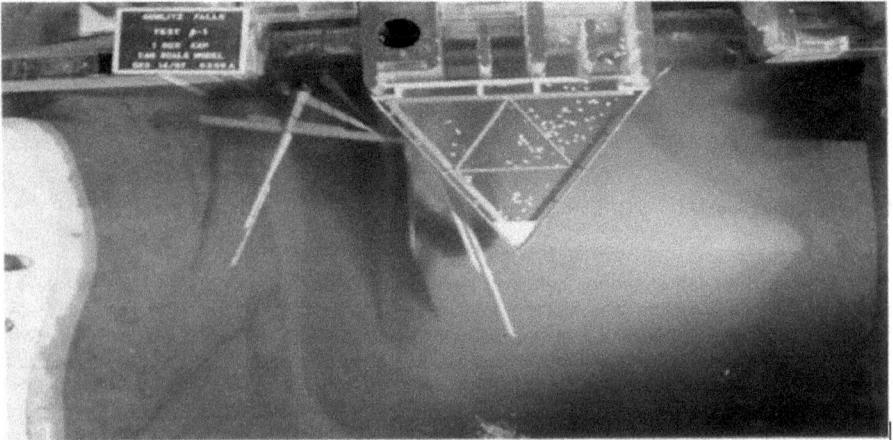

Fig. 4.18

Plan général du barrage illustrant la structure de déviation des corps flottants ainsi que le modèle physique montrant le passage des troncs par une passe du déversoir

Source : Western Canada Hydraulic Laboratories Limited (1989).

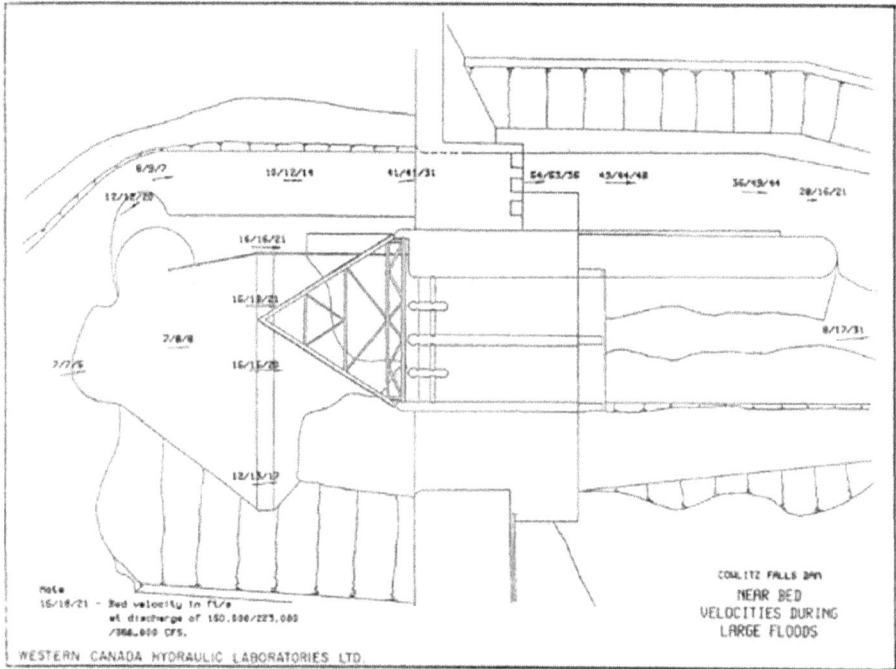

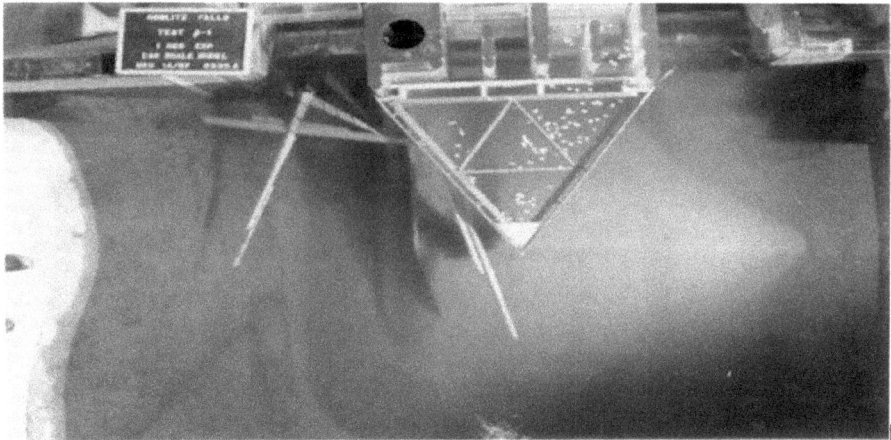

Fig. 4.18
General layout of the dam showing the debris diversion structure and physical model showing the passage of logs through the spillway bay

Source: Western Canada Hydraulic Laboratories Limited (1989).

### 4.4.3. Déversoirs de dérivation des corps flottants

Des déversoirs de dérivation des corps flottants peuvent être installés lorsqu'il n'est pas aisé de modifier le déversoir existant pour permettre leur passage. Ces déversoirs doivent être conçus conformément aux principes et règles de l'art fournis à la section 5.2. Si ce n'est pas le cas, ils risquent de ne pas atteindre les performances attendues. Ceci est mis en évidence dans un article de Yang et Stenstrom (2011) décrivant la modélisation d'un déversoir de dérivation des corps flottants, visant à atténuer le colmatage potentiel du déversoir existant - voir Fig. 4.19.

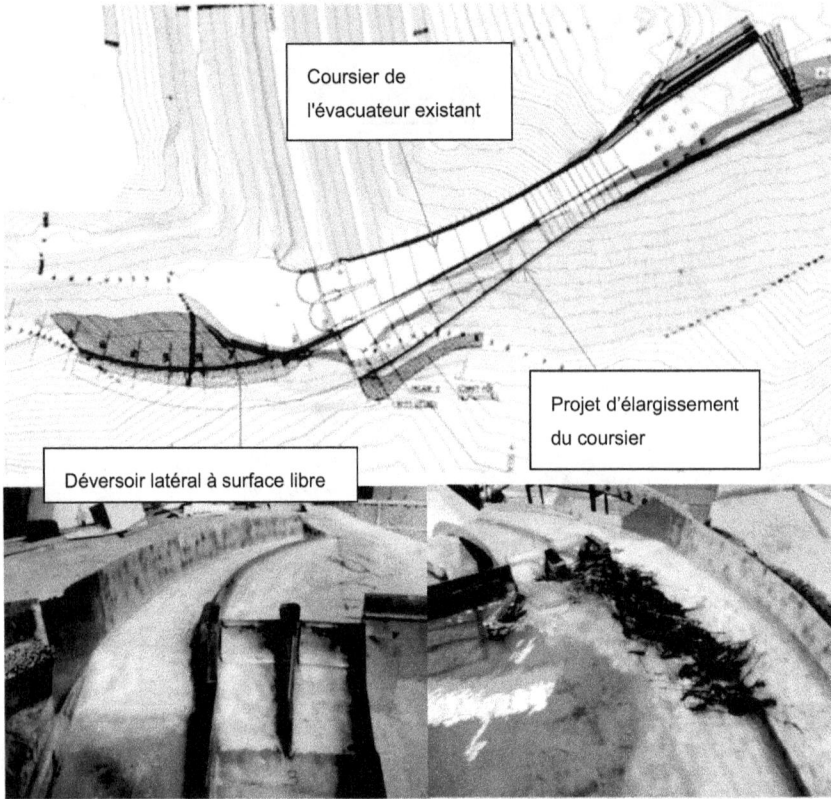

Coursier de l'évacuateur existant

Projet d'élargissement du coursier

Déversoir latéral à surface libre

Fig. 4.19
Plan général du déversoir existant associé à un déversoir de dérivation projeté et modèle physique illustrant le colmatage du déversoir de dérivation.

L'utilisation du modèle physique a montré qu'avec les premiers arbres enchevêtrés en amont de la passe rive droite de l'évacuateur existant, les arbres ont également commencé à se coincer sur le déversoir de dérivation immédiatement en amont du déversoir existant. En conséquence de quoi, un embâcle d'arbres flottants s'est formé et s'est développé plus en amont le long du déversoir latéral de dérivation et il a été constaté que même avec une élévation raisonnable du niveau d'eau, il était presque impossible de permettre l'élimination d'un long embâcle d'arbres enchevêtrés via un basculement par-dessus le déversoir latéral.

### 4.4.3. Debris by-pass spillways

Debris by-pass spillways could be provided where it is not practical to modify the existing spillway to allow passage of floating debris. Such spillways should be designed in accordance with the principles and guidance provided in Section 5.2. Failure to do so could result in a failure to achieve their intended performance. This is highlighted in a paper by Yang and Stenstrom (2011) describing the model studies of a by-pass spillway structure aimed at mitigating the potential clogging of the existing spillway measures under consideration refer to Fig. 4.19.

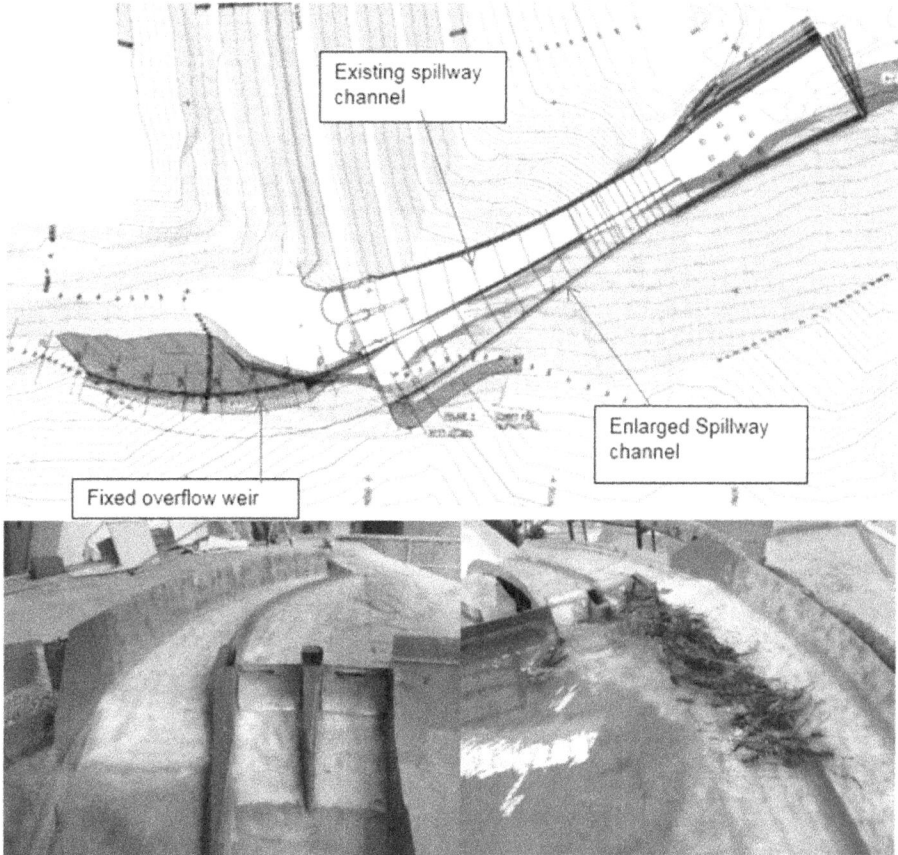

Fig. 4.19
General layout of the existing and proposed by-pass spillway and physical model showing the clogging of the by-pass weir

The model runs have showed that with the first trees clumped together in the right spillway opening, trees also started to get wedged on the by-pass weir immediately upstream of the spillway. As a result, a jam of floating trees was formed and developed further upstream along the weir and it has been found that even with a reasonable water level rise, it was almost impossible to lift a long jam of tightly knitted trees over the weir.

## 4.5. MESURES OPÉRATIONNELLES ET PLAN D'URGENCE

Une série de mesures opérationnelles peuvent être également proposées pour atténuer partiellement ou totalement le risque de blocage du déversoir.

Les clapets, les vannes fusibles ou les bouchures gonflables peuvent être utiles pour faciliter le libre passage des corps flottants tout en offrant les avantages liés aux déversoirs vannés.

L'expérience indique également que le déversoir de surface à passe unique est plus susceptible de laisser passer les arbres que le déversoir de surface à plusieurs passes adjacentes les unes aux autres [Johanson, 2010]. Cela peut s'expliquer par le fait que, dans le cas d'une seule passe, l'accélération vers la partie déversante fait pivoter l'arbre dans le sens de l'écoulement [Astrand & Persson, 2017].

En outre, conformément à (Astrand & Persson, 2017), l'évacuation des corps flottants pourrait être gérée efficacement par l'ouverture simultanée des vannes de l'évacuateur de crues, afin de réduire l'impact de l'augmentation de la vitesse de l'eau en surface. Si la veine principale d'écoulement est déportée plus en profondeur dans le réservoir, cela crée des conditions favorables qui ont tendance à maintenir les corps flottants à la surface. Cela limite ainsi le phénomène de leur aspiration sous la surface de l'eau. Cette mesure est cependant limitée à une certaine gamme d'ouverture des vannes.

Si les zones immergées de la retenue sont considérées comme une source importante d'alimentation en corps flottants, l'abaissement du niveau d'eau du réservoir peut être également une mesure appropriée pour en prévenir l'apparition (Astrand & Persson, 2017).

Le rapport de la Commission suisse des barrages (Boes et al., 2017) donne également les indications suivantes concernant les mesures opérationnelles à envisager :

- Pour éviter les obstructions de déversoirs vannés à plusieurs passes, une ouverture complète de quelques passes de déversoir est préférable à l'ouverture partielle de plusieurs/toutes les passes ;

- Un fonctionnement asymétrique peut être recherché pour les déversoirs à passes multiples, c'est-à-dire tel que seules les travées non adjacentes sont ouvertes tant que le débit de crue le permet. Les troncs sont susceptibles de s'aligner plus facilement dans le sens de l'écoulement et la probabilité qu'ils restent bloqués contre les piles est ainsi réduite. Cependant, il est précisé que, dans les cas extrêmes, la plupart des passes de déversoir sont généralement nécessaires pour faire transiter la crue, et le fonctionnement asymétrique n'est alors plus possible.

Cependant, le rapport indique qu'à part Hartlieb (2015), il n'existe généralement pas d'investigations systématiques sur le contrôle des évacuateurs de crues et que l'efficacité des mesures n'est donc pas complètement prouvée.

Des mesures d'urgence peuvent également être planifiées pour gérer le risque de blocage par des corps flottants. Ces mesures peuvent impliquer la fourniture de pelles mécaniques. La planification consiste à organiser cette maintenance (par un sous-traitant ou par l'exploitant lui-même). En outre, il convient d'évaluer l'emplacement approprié, le poids des essieux, etc. lors du choix de la machine (Astrand & Persson, 2017).

Le guide britannique sur la capacité de vidange pour la sécurité des réservoirs et la planification des mesures d'urgence (Courtnadge et al., 2017) examine, entre autres, les options permettant d'atténuer les risques lorsque la capacité de vidange existante, généralement fournie par les vidanges de fond, est jugée insuffisante. Ces options, qui pourraient également être envisagées pour atténuer le risque de colmatage des exutoires de fond par des corps flottants ou des sédiments, comprennent :

- L'installation de dispositifs de vidange qui évitent les interventions au pied du barrage, tels que des siphons ou des conduites forcées installées à proximité de la crête du déversoir ;

## 4.5.    OPERATIONAL MEASURES AND CONTINGENCY PLANNING

A range of operational measures could also be undertaken to provide partial or full mitigation to the risk of spillway blockage.

Flap valves, tipping gates or pneumatic gates could be useful in facilitating the free passage of floating debris while delivering the benefits associated with gated spillways.

Experience also indicates that a single surface spillway opening is more likely to allow trees to pass than if several surface spillway openings are adjacent to each other [Johanson, 2010]. This can be explained by the fact that, in the case of a single surface spillway opening, the acceleration towards the opening rotates the tree in the direction of flow (Astrand & Persson, 2017).

Also, in accordance with (Astrand & Persson, 2017), the discharge of floating debris could be efficiently managed through opening of the spillway gates at the same time, to reduce the impact of increased surface water velocity. If the flow field's epicenter is restricted deeper down in the reservoir, this would create favourable conditions that would keep floating debris at the surface of the reservoir. This limits the phenomenon of drawdown of the floating debris. The measure is limited to a given level of gate opening.

If flooded areas are deemed to be a significant source of floating debris, lowering of the reservoir water level can be a suitable measure to prevent the occurrence of floating debris (Astrand & Persson, 2017).

The Swiss Committee on Dams report (Boes et al., 2017) also provides guidance on operational measures, as follows:

- To avoid obstructions in multi-bay regulated weir systems, a complete opening of a few weir bays is preferable compared to the partial opening of several or all bays;

- Asymmetric operation may be sought for multiple weir bays, i.e. only non-adjacent weir bays are opened (Figure 36) as long as the flood discharge permits. Trunks would thus align more easily in the direction of flow and the probability that they should remain stuck at separating pillars between two weir bays is reduced. However, it is stated that: In extreme cases, most of the weir bays would usually be needed, and asymmetric operation is therefore no longer possible

However, the report states that apart from Hartlieb (2015), there are generally no systematic investigations on weir spillway control, and the effectiveness of measures is therefore not conclusively proven.

Contingency planning measures could be taken where additional corrective measures to manage the risk of blockage by floating debris may be required. These could involve providing machinery for the short and long term. The planning consists of contracting maintenance or setting up one's own. The type of machinery is determined by the corrective measures to be taken. In addition, suitable placement, axle weights, etc. must be evaluated when choosing the machinery (Astrand & Persson, 2017).

The UK Guide to drawdown capacity for reservoir safety and emergency planning (Courtnadge et al., 2017) discusses amongst other things options for mitigating the risks where the existing drawdown capacity typically provided by bottom outlets is judged to be insufficient. These options, which could also be considered to mitigate the risk of blockage of bottom outlets by waterlogged floating debris or silt include:

- Installation of drawdown facilities which avoids works at the base of the dam, such as syphons or penstock installed close to the spillway crest;

- L'augmentation de la fréquence et/ou de la qualité de la surveillance permettant une détection précoce des colmatages ;

- La planification des mesures d'urgence sur le site, y compris la mise en place de pompes ou de siphons mobilisables rapidement ou encore la planification d'un moyen technique permettant d'ouvrir une brèche contrôlée dans une section de moindre hauteur du barrage.

Afin de garantir que les organes de vidange puissent être exploités de manière fiable en cas d'urgence, le Guide recommande de maintenir en permanence un accès sécurisé au site pour leur entretien et leur manœuvre. Il recommande également de faire en sorte que les vannes et portes de tous les organes de vidange soient régulièrement manœuvrées dans des conditions de pleine charge, avec une ouverture totale, et ce à intervalles réguliers de 6 mois.

- Increased frequency and/or quality of surveillance allowing early detection of blockages;

- Emergency planning on-site including the provision for pumps or siphons to be on standby so that they can be quickly mobilized or planning a means of controlled breach of low height section of the dam

In order to ensure that draw-down facilities could be operated reliably in an emergency, the Guide recommends that reliable access to the site to maintain and activate drawdown facilities is maintained at all times and that valves and gates on all drawdown facilities are regularly exercised under full head conditions, with the full discharge being released at regular 6-monthly intervals.

# 5.    ÉVALUATION ET GESTION DU RISQUE DE BLOCAGE

Ce Bulletin traite de l'évaluation et de la gestion du risque de blocage, principalement des évacuateurs de crue de barrages, qui a été le sujet principal des recherches passées et récentes. Ceci est dû à son impact sur la sûreté des barrages, comparé au risque de blocage des prises d'eau immergées et des déchargeurs de fond qui a reçu moins d'attention et n'est donc que brièvement abordé ici.

Le risque de blocage des évacuateurs de crue de barrage est une fonction de la probabilité de blocage et de la gravité des conséquences associées.

La probabilité de blocage est généralement définie comme la probabilité que des troncs isolés bloquent l'évacuateur mais elle pourrait également tenir compte de la présence de racines, de branches et de groupements d'arbres (Boes et al., 2017).

La gravité des conséquences d'un blocage dépend du type de barrage (barrage en béton ou en remblai), de l'impact de l'éventuelle surverse, de l'impact statique et dynamique sur la structure du déversoir et de toute vanne ou autre équipement associé, de la vitesse de transport et de réduction des débris flottants, des hydrogrammes de crue, de la disponibilité, de la fiabilité et de la capacité de tout système d'enlèvement des débris, de la vulnérabilité aval, de l'impact environnemental de la rétention des débris flottants sur le cours d'eau en aval, etc.

## 5.1.    PROBABILITÉ D'OBSTRUCTION

Les évacuateurs libres présentent normalement une probabilité de blocage plus faible que les évacuateurs vannés toutes choses étant égales par ailleurs. D'autre part, les vannes levées/abaissées verticalement créent des sous-courants qui augmentent la probabilité de blocage, contrairement aux organes manœuvrant à débordement tels que les clapets, les vannes secteur ou les déversoirs gonflables qui sont moins susceptibles d'être obstrués (Boes et al., 2017).

Les méthodes disponibles pour l'estimation de la probabilité de blocage des déversoirs de barrage sont basées sur des tests sur modèles physiques généralement axés sur une structure particulière et utilisent un nombre limité de types et de configurations de gros débris de bois flottants et ne sont donc pas nécessairement transposables à tout barrage (Boes et al., 2017). En outre, il n'existe pas de recherche systématique sur la probabilité de blocage due à de grands objets flottants tels que des balles de silo, des bateaux, des voitures, etc.

Hartlieb (2015) a étudié le risque d'obstruction des déversoirs de barrage équipés de vannes segments et a présenté la formule suivante pour déterminer la probabilité P de blocage d'un pertuis due à des troncs uniques :

$$P = (H_t/L_p - 0,96)*0,73 \qquad (14)$$

où $H_t$ = longueur estimée du tronc et $L_p$ = largeur du pertuis de l'évacuateur.

De même, Lange & Bezzola (2006) ont proposé des équations empiriques pour établir la probabilité $P_L$ de blocage des ponts fluviaux due à des troncs uniques en fonction de la longueur L du tronc et de la largeur de la section B du pont, comme suit :

$$P_L=0 \text{ pour } L/B<0,5 \qquad (15)$$

$$P_L=0,133 \ L/B - 0,066 \text{ pour } L/B \geq 0,5 \qquad (16)$$

# 5. EVALUATION AND MANAGEMENT OF THE RISK OF BLOCKAGE

This Bulletin deals with the evaluation and management of the risk of blockage mainly of reservoir spillways which has been the primary focus of any past and more recent research and guidance provided. This is due to its more significant impact on dam safety compared to the risk of blockage of submerged intakes and bottom outlets which has received less attention in the past and is only briefly discussed here.

The risk of blockage of reservoir spillways is a function of the probability of blockage and severity of the associated consequences.

The probability of blockage is typically defined as the probability of single trunks blocking the spillway but could also allow for the presence of tree rootstocks, branches and clustering (Boes et al., 2017).

The severity of the consequences of a blockage would depend on the type of dam (concrete or embankment dam) and impact of its overtopping, the static and dynamic impact on the weir structure and any associated gates or other equipment, the rate of transport and attenuation of the floating debris and flood hydrographs, the availability, reliability and capacity of any debris removal systems and access routes, the vulnerability of any downstream assets or communities to flooding, the environmental impact of retaining floating debris on the downstream watercourse etc.

## 5.1. PROBABILITY OF BLOCKAGE

Free overflows normally present a lower probability of blockage than regulated dam spillways under identical conditions. On the other hand, vertically lifted/lowered gates create undercurrents which increase the probability of blockage as opposed to overflowing regulated structures such as flaps, drum and sector weir or inflatable weirs which are less susceptible to obstructions (Boes et al., 2017).

The available methods for estimation of the probability of blockage of dam spillways are based on physical model tests which are normally focussed on one particular structure and use a limited number of types and configurations of large wood debris and therefore are not necessarily generally applicable (Boes et al., 2017). Furthermore, there is no systematic research on the probability of blockage due to large floating objects such as silo bales, boats, cars etc.

Hartlieb (2015) investigated the obstruction risk at dam spillways with segment gates and presented the following formula to determine the blocking probability of a weir bay due to single trunks P:

$$P = (H_t/L_p - 0.96)*0.73 \qquad (14)$$

where $H_t$ = expected trunk length and $L_p$ = weir bay width.

Similarly, Lange & Bezzola (2006) proposed empirically derived equations for establishing the blocking probability of river bridges PL due to single trunks as a function of the trunk length L and width of the bridge cross-section B as follows:

$$P_L=0 \text{ for } L/B<0.5 \qquad (15)$$

$$P_L=0.133 \ L/B - 0.066 \text{ for } L/B \geq 0.5 \qquad (16)$$

La formule ci-dessus peut être utilisée mais avec prudence pour l'évaluation de la probabilité de blocage des déversoirs de barrage avec superstructures tels que pont ou passerelle en l'absence de recherches spécifiques sur ces structures dans les réservoirs.

Naturellement, on s'attend à ce que la probabilité de blocage associée à des troncs avec des branches et/ou des racines ou des groupes de troncs augmente, car cela augmente la taille globale des débris flottants.

De même, on a constaté que les épicéas rigides et morts présentaient une probabilité de blocage plus élevée que les épicéas verts flexibles, les hêtres et les érables (Hartlieb, 2012).

Divers auteurs ont également tenté d'établir la charge minimale requise pour assurer une évacuation à 100% des troncs sur les seuils des évacuateurs. Ainsi, selon Zollinger (1983), les profondeurs d'écoulement relatives minimales H/d suivantes sont requises pour l'évacuation de troncs dont la longueur relative peut atteindre douze fois leur diamètre d, c'est-à-dire pour L/d < 12 :

H/d = 1,5 pour les troncs individuels ; et H/d = 3...6 pour les gros groupes de bois relativement lâches, où : H est la charge par rapport à la crête du déversoir et d le diamètre des troncs.

Cependant, les blocages dus à une charge insuffisante sur les déversoirs des barrages sont normalement temporaires, jusqu'à ce que le tirant d'eau augmente suffisamment, et ne constituent donc pas le principal critère régissant la probabilité de blocage. Malgré cela, certaines structures, conçues pour fonctionner à des charges relativement faibles, comme cela peut être le cas des déversoirs en labyrinthe ou en touche de piano (PKW), ainsi que certains déversoirs auxiliaires dont les seuils sont fixés à un niveau plus élevé, présentent de facto un risque plus élevé de blocage.

Pfister et al. (2013, 2015) présentent une analyse de la **probabilité de blocage des déversoirs à en touche de piano (PKW)** par des troncs individuels (sans branches ni racines) et concluent que si le diamètre d'un tronc est supérieur à la hauteur d'eau sur le PKW, le tronc sera bloqué. Ils estiment que la probabilité de blocage est réduite à 50% lorsque le diamètre du tronc est égal à la hauteur critique sur la crête du déversoir. Cependant, en raison de la géométrie complexe de la crête, il est probable que la probabilité de blocage par des arbres avec de grandes branches et de grandes racines puisse être plus élevée par rapport aux autres structures à débordement. Plus spécifiquement, la probabilité de blocage par des troncs solitaires de diamètre d est donnée par :

$$P_L = 0 \qquad \text{for } d/H < 0.3 \tag{17}$$

$$P_L = 1.5\, d/H - 0.5 \quad \text{for } 0.33 < d/H \leq 1.0 \tag{18}$$

$$P_L = 1 \qquad \text{for } d/H > 1.0 \tag{19}$$

Pour les systèmes racinaires uniques dont le rapport entre le diamètre du système racinaire et le diamètre du tronc est $D_R/d \approx 10$, la probabilité de blocage selon Pfister et al. (2013, 2015) est plus élevée que celle des troncs de même d/H. Elle s'exprime par :

$$P_L = 0 \qquad \text{for } d/H < 0.1 \tag{20}$$

$$P_L = 2.5\, d/H - 0.3 \quad \text{for } 0.12 < d/H < 0.52 \tag{21}$$

$$P_L \approx 1 \qquad \text{for } d/H > 0.5 \tag{22}$$

Le retour d'information des opérateurs de centrales hydroélectriques en Suisse indique également qu'une probabilité plus élevée de blocage pourrait être attendue au niveau des déversoirs en tulipe.

The above formula could be used with prudence for the evaluation of the blocking probability of dam spillways with bridge superstructures in the absence of specific research on such structures at reservoirs.

Naturally, the blocking probability associated with trunks with branches and/or rootstocks or clusters of trunks would be expected to increase as it would increase the overall size of the floating debris.

Similarly, stiff, dead spruces were found to present a higher probability of blockage than flexible green spruces, beech and maples (Hartlieb, 2012).

Various authors also attempted to establish the required minimum flow depth to ensure safe passage over dam spillways. Thus, according to Zollinger (1983), the following minimum relative flow depths 'H/d' are required for the transport of trunks with relative lengths up to twelve times their diameters 'd', i.e. for L/d < 12, at overflow sections:

H/d = 1.5 for single trunks; and H/d = 3...6 for relatively loose large wood clusters, where: H is the energy head relative to the weir crest, d is the large wood trunk diameter.

However, blockage due to insufficient flow depth over the dam spillways is normally temporary, until the water depth increases sufficiently and therefore is not the main criterion governing the probability of blockage. Notwithstanding this, some structures which are typically designed to operate at relatively low head, such as labyrinth or piano key weirs, as well some auxiliary weirs set at a higher level, would normally present a higher risk of blockage.

Pfister et al. (2013, 2015) present an analysis of the **blocking probability at piano key weirs (PKW)** subjected to individual trunks (without branches and roots) and conclude that the diameter of a trunk is greater than the overflow depth, the PKW will be blocked. The blocking probability is predicted to reduce to 50% where the trunk diameter equals the critical depth on the weir crest. However, due to the complex crest geometry, there is a likelihood that the probability of blockage by trees with large branches and rootstocks could be higher compared to the conventional overflow structures. More specifically, the probability of blockage by single trunks of diameter d is given by

$$PL=0 \qquad \text{for } d/H<0.3 \qquad\qquad (17)$$

$$PL=1.5 \ d/H - 0.5 \quad \text{for } 0.33<d/H\leq1.0 \qquad\qquad (18)$$

$$PL=1 \qquad \text{for } d/H>1.0 \qquad\qquad (19)$$

For single rootstocks with a ratio of rootstock diameter to trunk diameter of $D_R/d\approx10$, the probability of blockage according to Pfister et al. (2013, 2015) is higher than those of trunks with respect to d/H. It is expressed by

$$P_L=0 \qquad \text{for } d/H<0.1 \qquad\qquad (20)$$

$$P_L=2.5 \ d/H - 0.3 \quad \text{for } 0.12<d/H <0.52 \qquad\qquad (21)$$

$$P_L\approx1 \qquad \text{for } d/H >0.5 \qquad\qquad (22)$$

Feedback from operators of hydropower plants in Switzerland also indicates that a higher probability of blockage could be expected at bellmouth spillways which reportedly present more problems in this respect.

On peut constater que la probabilité de blocage est fortement dépendante de l'estimation des longueurs maximales attendues des troncs, des diamètres, des diamètres des systèmes racinaires et d'autres paramètres. Cette estimation est donc soumise à un degré d'incertitude relativement élevé.

À cet égard, la longueur attendue des arbres $H_t$ peut être estimée sur le terrain sur la base du peuplement forestier dominant (Boes et al., 2017). Alternativement, les longueurs d'arbres observées lors d'inondations passées peuvent être prises comme référence (Bezzola & Hegg, 2007, 2008).

Selon Zollinger (1983), les gros débris de bois peuvent être exposés à des forces énormes pendant l'entraînement. Les troncs pourraient ainsi être rapidement, après quelques mètres de descente de ruisseaux de montagne escarpés, débranchés, pelés et généralement découpés en morceaux de 1 à 5 m de long (Boes et al., 2017).

Cependant, ce n'est pas toujours le cas, notamment lorsque les arbres entrent dans les réservoirs à la suite de glissements de terrain à proximité et/ou de l'érosion des berges du réservoir, auquel cas ils peuvent ne pas être beaucoup réduits en taille et conserver la plupart de leurs branches et de leur système racinaire.

De plus, la probabilité de blocage peut être modifiée par le nombre de Froude directement en amont du déversoir : il peut favoriser l'entraînement des débris flottants vers le bas jusqu'à la crête du déversoir au lieu de flotter à la surface sous la forme d'un tapis lâche à une seule couche.

Des tests systématiques sur modèles hydrauliques à grande échelle ont été réalisés au Laboratoire d'ingénierie hydraulique et des ressources en eau (VAO) de la Technische Universität München dans le cadre d'un vaste projet de recherche du groupe d'intérêt sur la sûreté des barrages du CEATI.

Les essais ont montré qu'il existe une corrélation entre le comportement des débris flottants et le nombre de Froude, comme suit (Hartlieb, 2015) :

- $Fr = v/\sqrt{(g \cdot h)}$, où h est la profondeur moyenne de l'écoulement d'approche (se référer à la Figure 5.1) et où v est la vitesse moyenne de l'écoulement d'approche,

- $Fr < 0{,}15$ entraîne la formation d'un tapis d'arbres clairsemé

- $Fr > 0{,}30$ les débris flottants ont une plus grande tendance à être attirés vers le seuil du déversoir et à réduire la capacité de décharge.

- $Fr = 0{,}15$-$0{,}30$ dans cet intervalle, la densité des arbres est le facteur déterminant pour savoir si les arbres sont entraînés vers le bas ou non.

- La densité des arbres pour ces valeurs Fr se situe entre 800 et 975 kg/m3.

Ainsi, le test a permis d'établir que le nombre de Froude critique à partir duquel les troncs de débris naturels commencent à plonger sous d'autres formant des corps multicouches dangereux est $Fr = 0{,}15$.

Les tests indiquent que la vitesse moyenne et le nombre de Froude du flux d'approche ont une influence plus faible sur la probabilité de blocage que la longueur des débris, la rigidité et la longueur des branches. Au contraire, ils affectent principalement la réduction de la capacité de décharge du déversoir. Ainsi, pour des nombres de Froude plus élevés, $F > 0{,}30$, des corps de débris multicouches avec une compacité élevée se forment, provoquant des effets de remous relatifs élevés, c'est-à-dire une augmentation de la charge au-dessus du déversoir > 12%. Pour des nombres de Froude plus faibles $F < 0{,}15$, des tapis flottants monocouches lâches avec une compacité faible, provoquant une augmentation de charge < 6% (Hartlieb, 2017).

La définition de la vitesse d'approche et du nombre de Froude est présentée dans la figure 5.1 ci-dessous :

It could be seen that the probability of blockage estimation is heavily dependent on the accurate estimate of the maximum expected trunk lengths, diameters, rootstock diameters and other parameters and debris configurations involved. This estimate is though subject to a relatively high degree of uncertainty.

In this respect, the expected tree length $H_t$ can be estimated in the field on the basis of the prevailing forest stand (Boes et al., 2017). Alternatively, observed tree lengths in past floods can be taken as a reference (Bezzola & Hegg, 2007, 2008).

According to Zollinger (1983), large wood debris may be exposed to enormous forces during entrainment. Trunks could thus be quickly debranched when travelling down steep mountain streams after a few meters, peeled, and usually broken down into 1 - 5 m long pieces (Boes et al., 2017).

However, this may not always be the case, in particular where trees enter reservoirs as a result of nearby landslides and/or reservoir bank erosion in which case they may not be much reduced in size and may retain most of their branches and rootstocks.

Furthermore, the probability of blockage could be affected by the Froude number directly upstream of the spillway affecting the potential for floating debris to be pulled down to the spillways crest and becoming stuck as opposed to floating on the surface as a loose single layer mat.

Large scale hydraulic model tests for floating debris jams at spillways were systematically performed at the Laboratory of Hydraulic and Water Resources Engineering (VAO) of the Technische Universität München as part of an extensive research project of the Dam Safety Interest Group of CEATI.

The tests have shown that there is a correlation between the behaviour of the floating debris and the Froude number as follows: (Hartlieb, 2015)

- $Fr = v/\sqrt{(g \times h)}$, where h = D+H - average depth of the approach flow (refer to Figure 5.1) , where v - average surface velocity at h,

- Fr <0.15 causes a sparse mat of trees to form

- Fr> 0.30 the floating debris have a greater tendency to be drawn down towards the spillway threshold and reduce the discharge capacity.

- Fr=0.15-0.30 in this interval the density of the trees is the governing factor for whether the trees are drawn down or not.

- The density of the trees for these Fr values are between 800kg/m$^3$ and 975kg/m$^3$.

Thus, the test allowed to establish that the critical Froude number at which natural debris logs start to plunge under others and dangerous multi-layer bodies occur is Fr=0.15.

The tests indicate that the average velocity and Froude number of the approach flow have got a smaller influence on the probability of blockage than the debris length, stiffness and length of branches. Instead, they predominantly affect the reduction of the spillway discharge capacity. Thus, for higher Froude numbers, F > 0.30, multi-layer debris bodies with high compactness form, causing high relative backwater effects, i.e. > 12% increase of the head over the weir. For lower Froude numbers F < 0.15, loose single-layer floating carpets with low compactness form, causing < 6% increase (Hartlieb, 2017).

The definition of the approach velocity and Froude number are shown in Fig. 5.1 below:

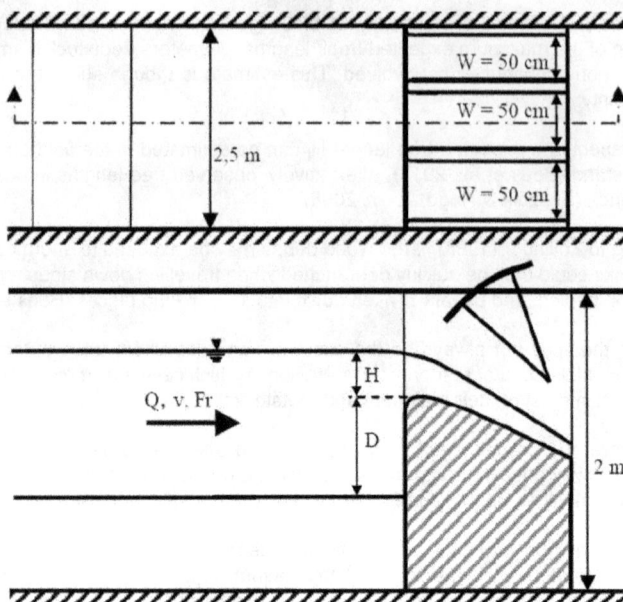

Fig. 5.1
Vue en plan et coupe de l'évacuateur sur le modèle physique (Hartlieb, 2015)

Il convient de noter que la zone retenue pour estimer le nombre de Froude doit être aussi proche que possible de la structure du déversoir, tout en étant dégagée des effets du rabattement, typiquement à une distance d'environ $2 \cdot H$ en amont de celui-ci.

En général, la densité des arbres dépend de leur type, de leur âge, de la saison et du temps de séjour dans l'eau. Des tests ont montré que des troncs de pin écorcés, après environ 5 mois dans l'eau, ont en effet atteint la limite de leur capacité à flotter à 940 kg/m³ (Astrand & Persson, 2017).

Des essais sur modèle physique réalisés au Laboratoire des constructions hydrauliques de l'EPFL, en Suisse, ont permis d'étudier l'effet du blocage par des tiges artificielles et l'augmentation de la charge associée d'un déversoir à crête profilée équipé de piles (Furlan et al., 2018). Les études ont conclu qu'une augmentation de la charge tend à diminuer la probabilité de blocage, mais pas de manière linéaire. Étant donné que l'augmentation de la charge du réservoir est le reflet du blocage du déversoir, les études fournissent également des informations utiles sur les facteurs affectant la probabilité de blocage, notamment l'alignement, la composition et le volume des bois bloqués ainsi que la forme du blocage. En particulier, il a été constaté que des volumes similaires de tiges bloquées avaient des effets différents sur l'augmentation de la charge dans le réservoir. Cette dernière dépendait du fait que les tiges étaient en contact ou non avec la crête du déversoir.

Lors d'essais sur modèles physiques, il est très important de répéter les tests un nombre suffisant de fois afin d'obtenir la probabilité correcte du processus de blocage (Furlan et al. 2018, Furlan, 2019, Furlan et al. 2021). Selon la composition utilisée du bois flotté, c'est-à-dire le nombre de tiges concernées, il fallait souvent jusqu'à 30 répétitions dans les tests du modèle de l'EPFL pour évaluer correctement la probabilité de blocage. Plus le nombre de tiges est élevé, moins les répétitions de tests sont nécessaires.

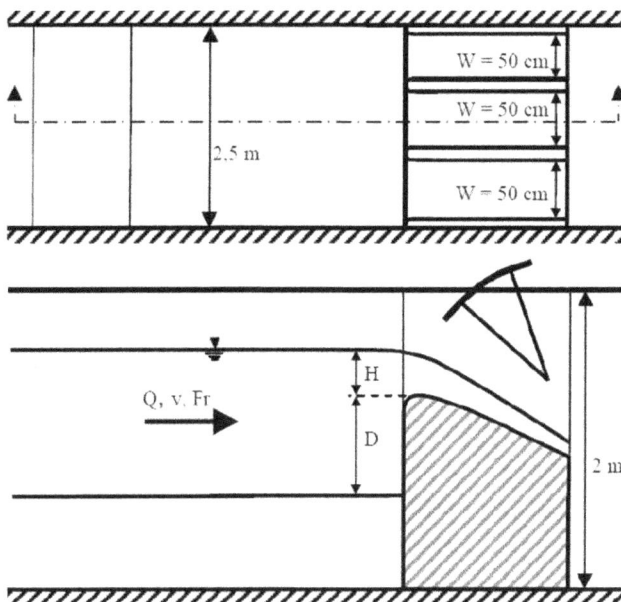

Fig. 5.1
Layout and section of the spillway model (Hartlieb, 2015)

It should be noted that the location at which the Froude number applies should be as close as possible to the spillway structure, while being clear of the effects of draw-down, typically at a distance of approximately 2H upstream of it.

Generally, the density of trees depends on their type, age and season, and residence time in water. Tests have shown that debarked pine trunks, after approximately 5 months in water, in effect reached the limit of their ability to float at 940kg/m³ (Astrand & Persson, 2017).

Physical model testing carried out in the Laboratory of Hydraulic Constructions at EPFL, Switzerland studied the effect of blockage by artificial stems at an ogee crested spillway equipped with piers on the head increase at a reservoir (Furlan et al., 2018). The studies concluded that an increasing head tends to decrease the blocking probability but not linearly. Since the increase of reservoir head is a reflection of the spillway blockage, the studies also provide useful insight into the factors affecting the probability of blockage including the alignment, composition and volume of the blocked large wood as well as the jam shape. In particular, it was found that similar blocked volumes of stems had different effects on the head increase in the reservoir and were dependent on whether stems were in contact or not with the spillway crest.

When doing model tests, it is very important to repeat the tests sufficiently several times in order to obtain the correct probability of the blocking process of stems at spillways (Furlan et al. 2018, Furlan, 2019, Furlan et al. 2021). Depending on the used composition of driftwood, i.e. number of stems involved, often up to 30 repetitions are required in the model tests to assess the blockage probability correctly in the case of a few individual stems only. The higher the number of stems is, the less test repetitions are required.

## 5.2. CRITÈRES D'ÉVALUATION DE LA PROBABILITÉ DE BLOCAGE

Étant donné l'incertitude relativement élevée dans l'estimation de la probabilité de blocage, les méthodes discutées précédemment pourraient être utilisées comme un indicateur de la probabilité d'un blocage, plutôt que comme un moyen de quantifier avec précision la probabilité réelle de blocage. Puisqu'il n'est pas possible en pratique de déterminer le pourcentage maximal de blocage d'une structure de déversoir, les méthodes disponibles pourraient être utilisées pour prédire de manière conservatrice la probabilité d'un blocage complet. Elles pourraient également permettre d'adopter une approche basée sur le risque, en considérant qu'aucun blocage ne se produira lorsque la probabilité prédite est relativement faible.

La probabilité de blocage pourrait également être évaluée par rapport à des critères généraux et des recommandations concernant les largeurs et les tirants d'air et d'eau minimaux des évacuateurs. De telles recommandations sont fournies dans certains pays sur la base de tests de modèles hydrauliques et/ou d'expériences opérationnelles.

Par exemple, en Norvège et en Suisse, les recommandations suivantes sont faites, sur la base des résultats d'expériences de modèles (Godtland & Tesaker 1994), pour éviter l'obstruction des évacuateurs de barrages par des arbres et autres grands débris flottants :

$$L_p \geq 0{,}8 \cdot H_t \tag{23}$$

$$H_b \geq 0{,}15 \cdot H_t \text{ pour } L_p \geq 1{,}1 \cdot H_t \tag{24}$$

$$H_b \geq 0{,}2 \cdot H_t \text{ pour } L_p \leq 1{,}1 \cdot H_t \tag{25}$$

où $L_p$ est la largeur minimale de l'évacuateur, $H_b$ est la hauteur minimale entre la crête de l'évacuateur et la superstructure du barrage et $H_t$ est la longueur estimée de l'arbre.

À cet égard, des observations ont révélé que les troncs d'arbres dans les rivières et ruisseaux de montagne qui sont transportés par les crues, sont rapidement réduits à des longueurs maximales d'environ 10 m. Toutefois, ce n'est pas nécessairement le cas pour les tronçons inférieurs de rivières, caractérisés par des vitesses beaucoup plus faibles. Sur cette base, selon la documentation sur la sûreté des barrages de l'Office fédéral de l'énergie (OFEN) en 2016 (Boes et al., 2017), une largeur de déversoir de 10 m serait normalement considérée comme suffisante dans les régions montagneuses, tandis que des largeurs supérieures à 10 m seraient requises au niveau des grands fleuves en plaine. Une version antérieure de ces orientations (2008) stipule également que les ponts et les passerelles pour piétons doivent avoir un tirant d'air minimum de 1,5 à 2 m par rapport au niveau d'eau de la crue de référence.

Selon les orientations produites par le Comité français des barrages et réservoirs (CFBR, 2013), les évacuateurs de barrage sont également susceptibles d'être obstrués lorsque la profondeur critique (qui se produit généralement à proximité de la crête du déversoir) est inférieure à 0,5 m. En outre, pour les structures nouvellement construites, la largeur libre minimale recommandée des évacuateurs passe de 4 m (à une altitude > 1800 m au-dessus du niveau de la mer) à 15 m (à une altitude < 600 m). Cela reflète la tendance générale à la réduction de la taille des gros bois avec l'augmentation de l'altitude, tout en soulignant une tendance à l'augmentation du risque de blocage à des altitudes plus basses. Cela n'est pas directement applicable à d'autres pays en raison des différentes conditions climatiques affectant la croissance des arbres.

Pour les déversoirs de forme circulaire, comme pour les déversoirs en tulipe, le diamètre minimum réel ou équivalent (pour une section non circulaire) devrait être de 5 m (Boes et al., 2017).

Dans l'ensemble, le rapport du Comité suisse des barrages conclut que la base de données permettant de déterminer les dimensions minimales requises pour un évacuateur est considérée comme très modeste et que les critères de sûreté ci-dessus doivent être utilisés avec prudence tout en faisant des hypothèses conservatrices sur les longueurs maximales attendues des arbres.

## 5.2.    CRITERIA FOR ASSESSMENT OF THE LIKELIHOOD OF BLOCKAGE

Given the relatively high uncertainty in estimating the probability of blockage, the previously discussed methods could be used as an indicator of the likelihood of a blockage occurring, rather than as a means of accurately quantifying the actual probability of blockage for the purpose of estimating the joint probability of flood and spillway blockage events. Since it is not practically possible to determine the maximum percentage of blockage of a spillway structure, the available methods could be used to conservatively predict the likelihood of full blockage occurring. They could also allow adopting a risk- based approach, whereby considering that no blockage would occur when the predicted probability is relatively low.

The likelihood of blockage could also be assessed against any general criteria and recommendations for minimum spillway clearance widths and heights. Such recommendations are provided in some countries based on hydraulic model testing and/or operational experience.

For example, in Norway and Switzerland the following recommendations are made, based on the results of model experiments (Godtland & Tesaker 1994), to avoid dam spillway obstructions by trees and other large floating debris:

$$L_p \geq 0.8H_t \tag{23}$$

$$H_b \geq 0.15H_t \text{ for } L_p \geq 1.1H_t \tag{24}$$

$$H_b \geq 0.2H_t \text{ for } L_p \leq 1.1H_t \tag{25}$$

where $L_p$ is the minimum clearance width, $H_b$ is the minimum clearance height of the individual dam spillway openings and $H_t$ is the expected tree length.

In this respect, observations have revealed that tree trunks in mountain rivers and streams that are transported by floods are rapidly reduced to maximum lengths of about 10m. However, this may not necessarily be the case for the lower river reaches characterised by much lower velocities. On this basis, according to the basic documentation on dam safety of the Swiss Federal Office of Energy (SFOE) in 2016 (Boes et al., 2017), a spillway width of 10m would normally be considered sufficient in mountainous regions, while widths greater than 10m would be required at major rivers in the plains. An earlier version of this guidance also stipulates that bridges and pedestrian footbridges should have a minimum clearance of 1.5-2 m from the water level of the design flood according to SFOE (2008).

According to the guidance produced by the French National Committee on Dams (CFBR, 2013), dam spillways are also prone to obstruction where the critical depth (typically occurring in the vicinity of the weir crest is less than 0.5m. In addition, for newly built structures, the recommended minimum clear width of weir bay increases from 4m (at altitude > 1800m above sea level) to 15m (at altitude < 600m). This reflects the general trend for reduction of the size of the large wood with increasing altitude and while highlighting a trend for an increased blockage risk at lower altitudes, it is not directly applicable to other countries due to the different climate conditions affecting tree growth.

For circular spillway cross-sections, as for morning glory spillways, the minimum actual or equivalent diameter (for non-circular section) should be 5m (Boes et al., 2017).

Overall, the Swiss Committee on Dams report concludes that the database for determining the minimum required weir bay opening dimensions is considered to be very modest and the above safety criteria should be used with prudence while making conservative assumptions on the maximum expected tree lengths.

## 5.3. PROBABILITÉ DE BLOCAGE PARTIEL

Certains propriétaires de réservoirs peuvent être réticents à prendre des mesures pour gérer le risque de blocage total du déversoir du barrage, qu'ils peuvent considérer comme trop conservatrices sur la base de leur expérience opérationnelle. Par conséquent, des tentatives pourraient être faites pour quantifier les implications d'un blocage partiel du déversoir afin de faciliter l'évaluation des risques. Cela pourrait se faire par le biais d'une modélisation numérique ou physique des obstructions des déversoirs avec différents degrés de précision et de représentativité du type, de la taille et de la vitesse de transport des débris flottants vers la structure des évacuateurs.

Dans sa forme la plus simple, une telle simulation pourrait modéliser l'effet de divers pourcentages d'obstruction des évacuateurs dans le but d'informer les propriétaires de réservoirs sur les risques associés aux corps flottants.

Une telle approche de la gestion des risques dus au blocage des évacuateurs par les corps flottants pourrait cependant être assez trompeuse car elle ne fournirait aucune indication sur la probabilité qu'un pourcentage donné de blocage se réalise pendant une crue.

À cet égard, les essais sur modèle et l'expérience opérationnelle indiquent qu'une fois que le blocage partiel d'un déversoir par un grand débris flottant s'est produit, celui-ci commencera à retenir des branches plus petites, des feuilles et d'autres débris et aura le potentiel de former un blocage complet. La vitesse à laquelle cela se produit et l'étendue du blocage dépendent du volume de débris flottants entrant dans le réservoir, de leur accumulation et de leur vitesse de transport vers le déversoir, de la disponibilité et de la capacité des systèmes d'enlèvement des débris flottants, etc.

## 5.4. GRAVITÉ DE L'IMPACT DU BLOCAGE SUR LA CAPACITÉ DE DÉCHARGE DES ÉVACUATEURS ET LA SÛRETÉ DES BARRAGES

L'impact du blocage par des débris sur la capacité des évacuateurs est un problème majeur concernant la sûreté des barrages. Sa gravité peut être évaluée en termes de :

- Augmentation du niveau du réservoir

- Perte de la capacité de débitance de l'évacuateur

La perte de capacité d'évacuation, tout comme la probabilité de blocage, dépend de nombreux paramètres, en particulier des caractéristiques géométriques de l'évacuateur de crues (vannes, ponts et piles), des caractéristiques de l'écoulement (charge, profondeur d'eau en amont, etc.) et des caractéristiques des débris flottants (longueur du tronc, diamètre et densité), comme indiqué dans la section 5.1.

Dans des études récentes (Stocker et al., 2022 ; Boes et al., 2023a,b), la réduction de la capacité d'écoulement due à l'obstruction par des BF (bois flottants) a été étudiée. Le coefficient de débit $C_d$ d'un déversoir en ogee standard <u>non obstrué</u> d'une hauteur de chute de conception $H_D$ est calculé comme suit :

$$C_d = \frac{Q}{W_{eff}\sqrt{2gH_o^3}} \qquad (26)$$

avec Q comme débit, $H_o$ comme charge au-dessus de la crête du déversoir pour un écoulement sans obstacle et $W_{eff}$ comme largeur efficace du déversoir sur le plan hydraulique, calculée en réduisant la largeur libre du déversoir W par l'effet des contractions dues aux bajoyers et

## 5.3.    PROBABILITY OF PARTIAL BLOCKAGE

Some reservoir owners may be reluctant to take measures to manage the risk of full dam spillway blockage which they may consider unrealistically conservative, based on their operational experience. Therefore, attempts could be made to quantify the implications of a partial spillway blockage to aid the reservoir risk assessment. This could be done via numerical of physical modelling of spillways obstructions with various degrees of accuracy and representativeness of the actual expected type, size and rate of transport of the floating debris to the spillways structure.

In its simplest form, such simulation could model the effect of various percentages of spillway blockage in an attempt to inform the reservoir owners on the associated reservoir risks.

Such an approach to managing the reservoir risks due to spillway blockage could be quite misleading though as it would not provide any indication on the actual likelihood, let alone the probability, of a given percentage of blockage materialising during the design storm event.

In this connection, model tests and operational experience indicate that once a partial blockage of a spillway by a large floating debris occurred, this would start retaining smaller branches leaves and other debris and would have the potential to form a complete blockage. How fast this may occur, and the extent of the blockage, would depend on the volume of floating debris entering the reservoir, their accumulation and rate of transport to the spillway, the availability and capacity of any systems for removal of floating debris etc.

## 5.4.    SEVERITY OF IMPACT OF BLOCKAGE ON SPILLWAY DISCHARGE CAPACITY AND DAM SAFETY

The impact of blockage by debris on spillway capacity is a major issue regarding dam safety. Its severity can be assessed in terms of:

- Reservoir level increase

- Loss of spillway discharge capacity

The loss of discharge capacity, like the probability of blockage, depends on many parameters, especially the geometrical features of the spillway (gates, bridges and piers), its hydraulic flow features (head, upstream depth etc.) and the floating debris characteristics (trunk length, diameter and density) as discussed in Section 5.1.

In recent studies (Stocker et al., 2022; Boes et al., 2023a,b) the discharge capacity reduction due to blockage by LW was systematically investigated. The discharge coefficient $C_d$ of an <u>unobstructed</u> standard ogee weir of design head $H_D$ is calculated as

$$C_d = \frac{Q}{W_{eff}\sqrt{2gH_o^3}}, \tag{26}$$

with $Q$ as discharge, $H_o$ as energy head above weir crest for <u>unobstructed</u> weir flow and $W_{eff}$ as hydraulically effective weir width, calculated by reducing the clear weir width $W$ by side and

aux piles conformément aux informations de l'USACE (1987). Le porte à faux amont de la pile $p_K$ (Fig. 5.2) n'a pratiquement aucun effet sur le coefficient de débit pour $\chi = H_o/H_D > 0.5$, ce dernier pouvant être déterminé comme suit (Hager, 1991) :

$$C_d = \frac{2}{3\sqrt{3}}\left(1+\frac{4\chi}{9+5\chi}\right) \tag{27}$$

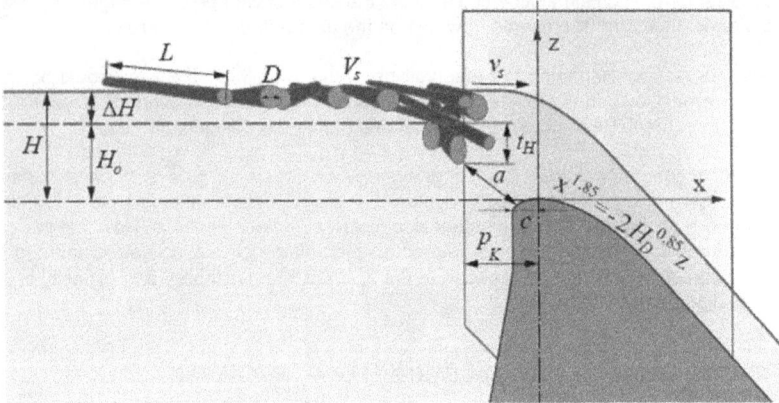

Fig. 5.2
Disposition et section du modèle de déversoir (Stocker et al. 2022) pour un profil standard selon USACE (1987) avec H = charge tenant compte du bois flottants (BF), $\Delta H$ = incrément de charge dû au BF, $H_o$ = charge sans BF, L = longueur du tronc, D = diamètre du tronc, Vs = volume de bois, vs = vitesse de surface, $t_H$ = profondeur d'immersion du BF, $p_K$ = porte à faux amont de la pile, a = distance d'écoulement libre, $H_D$ = 2 m et c = 0,28·$H_D$.

Si le BF est bloqué au niveau des piles du déversoir, la section d'écoulement libre est réduite, ce qui entraîne une augmentation du remous $\Delta H$ (Fig. 5.2) et une diminution de la capacité d'écoulement. Le facteur de réduction du débit $\eta = C_{dLW}/C_d$ décrit le rapport entre le coefficient de débit $C_{dLW}$ à l'élévation maximale du remous dû à l'accumulation de BF et le coefficient de débit de référence $C_d$ sans BF (Eq. 27). La figure 5.3 illustre la variation de $\eta$ en fonction de $P_K = p_K/Ho$ pour les données de Stocker et al. (2022) ainsi que pour les données de la littérature (Bénet et al., 2021 et Hartlieb, 2015) ; $\eta$ augmente avec $P_K$. Plus une accumulation se forme près de la crête du déversoir (petit $P_K$), plus le coefficient de débit $C_{dLW}$ et donc le facteur de réduction du débit $\eta$ sont faibles. Aucune influence significative d'une accumulation, c'est-à-dire $\eta > 95\%$, n'a été constatée par Stocker et al. (2022) pour PK $\geq$ 1.

pier contractions according to USACE (1987). The pier extension $p_K$ (Fig. 5.2) has basically no effect on the discharge coefficient for $\chi = H_o/H_D > 0.5$, which can be determined as (Hager, 1991)

$$C_d = \frac{2}{3\sqrt{3}}\left(1 + \frac{4\chi}{9+5\chi}\right)$$

(27)

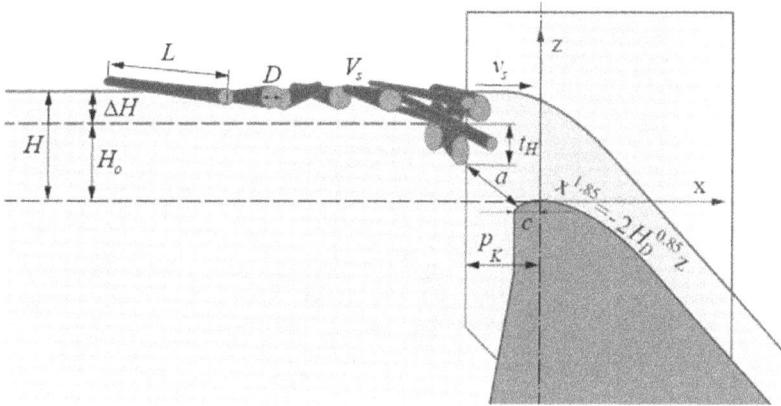

Fig. 5.2
Layout and section of the spillway model (Stocker et al. 2022) for a standard profile according to USACE (1987) with H = overflow depth with LW, $\Delta H$ = backwater rise, $H_o$ = overflow depth without LW, L = log length, D = log diameter, $V_s$ = wood volume, $v_s$ = surface velocity, $t_H$ = immersion depth of LW accumulation, $p_K$ = pier extension, a = free cross-sectional flow area, $H_D$ = 2 m with x and z as coordinates, and c = 0.28·$H_D$.

If LW is blocked at weir piers, the open cross-sectional flow area is reduced, leading to backwater rise $\Delta H$ (Fig. 5.2) and a decrease of discharge capacity. The discharge reduction factor $\eta = C_{dLW}/C_d$ describes the ratio of the discharge coefficient $C_{dLW}$ at maximum backwater rise due to LW accumulation (subscript dLW) and the reference discharge coefficient $C_d$ without LW (Eq. 27). Fig. 5.3 illustrates $\eta$ as a function of $P_K = p_K/H_o$ for the data of Stocker et al. (2022) as well as literature data (Bénet et al., 2021 and Hartlieb, 2015); $\eta$ increases with increasing $P_K$. The closer an accumulation is formed to the weir crest (small $P_K$), the smaller the discharge coefficient $C_{dLW}$ and thus the discharge reduction factor $\eta$. No significant influence of an accumulation, i.e. $\eta > 95\%$, was derived by Stocker et al. (2022) for $P_K \geq 1$.

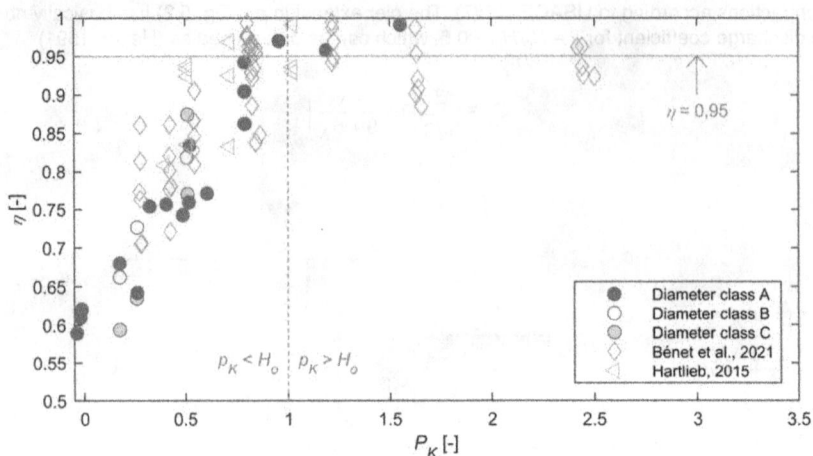

Fig. 5.3
Réduction du débit $\eta = C_{dH}/C_d$ due à l'accumulation de BF aux piles du déversoir en fonction de la longueur relative du porte à faux amont de la pile du déversoir $P_K = p_K/H_o$ pour les données de Stocker et al. (2022), Bénet et al. (2021) et Hartlieb (2015).

Sur la base de modèles physiques réalisés pour une configuration de projet spécifique (pas de tests paramétriques sur la géométrie), Yang (2015) a mentionné une augmentation de la hauteur d'eau entre 16 et 27% tandis que Hartlieb (2015) a cité une augmentation de la hauteur d'eau de 20 à 30%. Cette augmentation de la hauteur d'eau correspond à une perte de capacité de débitance d'environ 20 à 33%%, i.e. $\eta = 0.67$ to $0.8$. Les recommandations provisoires produites par le Comité français des barrages et réservoirs (CFBR, 2013) proposent une valeur de 30% ($\eta = 0.7$) par défaut.

Pour étudier l'effet d'un volume extrême de bois flotté arrivant instantanément sur un évacuateur standard à crête profilée sans piles (Fig. 5.4) sur l'augmentation de la charge dans un réservoir, des essais systématiques sur modèle ont été réalisés au Laboratoire des Constructions Hydrauliques de l'EPFL, Suisse (Bénet et al. 2020, Pfister et al., 2020), aboutissant aux recommandations pratiques suivantes :

- Un blocage est constaté si b/LM < 0,77 confirmant ainsi le critère de Godtland et Tesaker (1994) où b est la largeur de la crête et LM la longueur maximale des troncs ;

- Sans contre-mesures et pour un blocage complet, le coefficient de débitance du seuil profilé a été réduit à une valeur moyenne relativement constante de Cd = 0,38. Ceci était indépendant du débit (jusqu'au débit de projet), de la largeur relative du seuil (pour b/LM ≤ 0,77), et du volume de bois flotté (pour les volumes extrêmes). Au regard de la variation des données d'essai, un coefficient de décharge réduit de Cd = 0,36 est recommandé pour l'estimation du débit des évacuateurs dans la pratique.

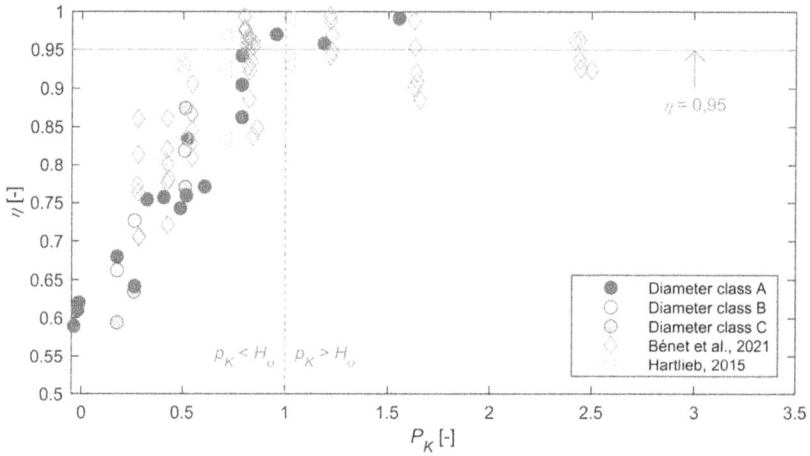

Fig. 5.3
Discharge reduction $\eta = C_{dH}/C_d$ due to LW accumulation at weir piers as a function of relative weir pier extension $P_K = p_K/H_o$ for data from Stocker et al. (2022), Bénet et al. (2021) and Hartlieb (2015).

Based on physical models carried out for specific project configuration (no parametrical tests on geometry), Yang (2015) mentioned a water head increase between 16 and 27% while Hartlieb (2015) quoted a water head increase from 20 to 30%. This water head increase corresponds to a loss of discharge capacity between approximately 20 and 33%, i.e. $\eta$ = 0.67 to 0.8. The guidance produced by the French National Committee on Dams (CFBR, 2013) proposes a value of 30% ($\eta$ = 0.7) by default.

For studying the effect of extreme driftwood volume instantaneously arriving at a standard ogee crest spillway without piers (Fig. 5.4) on the head increase in a reservoir, systematic model test were performed at the Laboratory of Hydraulic Constructions at EPFL, Switzerland (Bénet et al. 2020, Pfister et al., 2020) resulting in the following practical recommendations:

- The tests for the standard ogee crest revealed a blockage if $b/L_M < 0.77$ and thus confirming Godtland and Tesaker's criterium (1994) where b is the width of the ogee crest and $L_M$ the maximum length of the trunks in the large driftwood volume

- Without countermeasures and for a full blockage, the discharge coefficient of the ogee crest was reduced to a relatively constant mean value of $C_d = 0.38$. This was independent of the (up to the design discharge), of the relative bay width (for $b/L_M \leq 0.77$), and of the driftwood volume (for extreme volumes). With regard to the variation in the test data, a reduced discharge coefficient of $C_d = 0.36$ is recommended for spillway discharge assessment in practice.

Fig. 5.4
Arbres d'un volume extrême de bois flottant bloqué sur une crête profilée sans pile et pour une faible charge (Pfister et al., 2020)

En outre, des recherches récentes donnent plus d'informations sur la perte de débitance de l'évacuateur de crues à prendre en compte en cas de présence de piles, des masques amont et de vannes, comme décrit ci-après.

Cependant, comme mentionné dans la section 5.3, une fois qu'un blocage partiel d'un déversoir par un grand débris flottant se produit, on peut craindre un blocage complet. Par conséquent, lorsqu'une telle probabilité existe, une analyse détaillée spécifique au projet de la perte possible de la capacité du d'évacuation du déversoir ou de l'augmentation de la charge et de l'impact associé sur la sûreté du barrage pourrait être effectuée. Alternativement, la gravité des conséquences d'un blocage pourrait être établie de manière conservatrice sur la base d'un blocage complet supposé.

### 5.4.1. Effet des piles et des masques amont

Des essais sur modèle physique réalisés au Laboratoire de constructions hydrauliques de l'EPFL, en Suisse (Pfister et al., 2020), ont étudié l'effet du blocage par des tiges artificielles d'un déversoir à crête profilée équipé de piles en fonction de la longueur du nez de pilier en surplomb (faisant saillie dans le réservoir (voir Fig. 5.5) ainsi que l'effet des masques amont placés devant la crête). Les résultats peuvent être résumés comme suit (Bénet et al., 2020) :

- Les piles en surplomb ont réduit l'effet négatif du bois flotté sur la courbe de débitance de l'évacuateur à crête profilée. L'effet d'un blocage total est quasiment nul sur la valeur du coefficient de débitance du seuil Cd (réduction inférieure à 5%, i.e. $\eta > 0.95$) si le surplomb des piles p dans le réservoir dépasse $0,35 \cdot HR$ (charge de référence sans bois flotté) ;

Fig. 5.4
Trees of an extreme driftwood volume blocked on spillway crest without piers and for a low reservoir head (Pfister et al., 2020)

In addition, recent research gives more information about the loss of spillway discharge capacity to be taken into account when considering piers, racks and gates, as described hereafter.

However, as mentioned in Section 5.3, once a partial blockage of a spillway by a large floating debris occurs, in some cases, this could progressively lead to a complete blockage. Therefore, where such a likelihood exists, a detailed project specific analysis of the possible loss of spillway capacity or water head increase and associated impact on dam safety could be carried out. Alternatively, the severity of the consequences of blockage could be established conservatively based on assumed full blockage.

### 5.4.1. Effect of upstream piers and racks

Physical model testing carried out in the Laboratory of Hydraulic Constructions at EPFL, Switzerland (Pfister et al., 2020) studied the effect of blockage by artificial stems at an ogee crested spillway equipped with piers on the head at a reservoir as a function of the length of the overhanging pier nose (protruding into the reservoir (see Fig. 5.5) as well as the effect of racks placed in front of the ogee crest). The results can be summarized as follows (Bénet et al., 2020):

- Overhanging piers reduced the negative effect of driftwood on the rating curve of the ogee crest spillway. The effect of a fully blocked weir on $C_d$ is quasi-absent (reduction less than 5%, i.e. $\eta > 0.95$) if the pier overhang p into the reservoir exceeds $0.35H_R$ (reference head $H_R$ without driftwood).

- En l'absence de pile (et de vannes ou d'un pont déversoir, b=$L_M$ est grand), tous les troncs sont évacués si le diamètre maximal des troncs $D_M$ est inférieur à 0,35·$H_R$ ;

- Un blocage avec un passage individuel et sporadique des troncs a été observé pour des diamètres de troncs de 0,35·$H_R$ à 0,60·$H_R$, et un blocage complet s'est produit pour des diamètres supérieurs à 0,60·$H_R$ ;

- Un masque amont complet (une barre par pile, respectant le critère de Godtland et Tesaker) positionné 0,5·b en amont du front du déversoir a presque supprimé (réduction du coefficient de débit inférieure à 5%, i.e. η>0.95) l'effet du bois flotté bloqué. Avec un masque amont réduit, avec une barre toutes les deux piles ne respectant pas le critère de Godtland et Tesaker, le bois flotté a atteint la crête et a partiellement perturbé la débitance (réduction jusqu'à 10%, i.e. η>0.90).

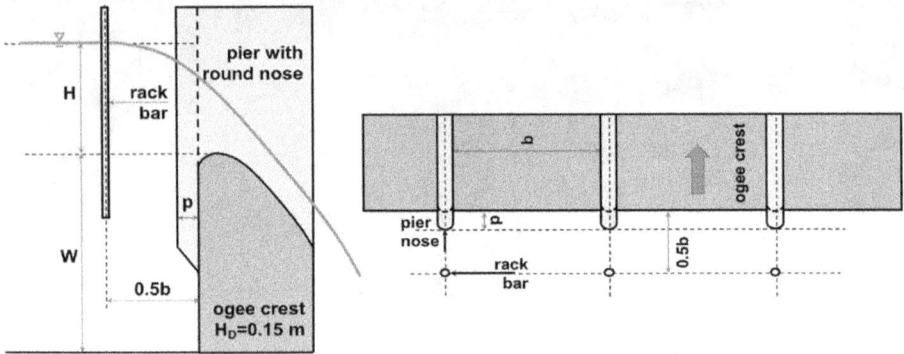

Fig. 5.5
Disposition du modèle physique de Pfister et al. (2020)

Effet du nez de quai en surplomb ou des crémaillères verticales.

Dans le cadre d'essais sur modèle physique réalisés au laboratoire d'hydraulique, d'hydrologie et de glaciologie de l'ETH de Zurich, en Suisse, l'effet de l'obstruction par les BF d'un déversoir profilé standard libre équipé de piles en porte à faux amont sur l'élévation de la charge amont dans le réservoir a également été étudié.

L'accumulation de BF au niveau des piles du déversoir peut être décrite comme un empilement monocouche de troncs, immergée à la profondeur $t_H$ sous le niveau d'eau initial (Fig. 5.2). Au fur et à mesure que le volume d'accumulation augmente, l'élévation du remous s'accroît et atteint asymptotiquement son maximum. Même une très petite quantité de BF bloquée au niveau d'un déversoir peut entraîner une forte augmentation du niveau de l'eau $\Delta H$. La zone située entre le corps d'accumulation et le profil du déversoir est une section transversale à écoulement libre caractérisée par la distance libre a entre le bord inférieur du corps d'accumulation au niveau des nez de piles et le quadrant amont du profil du déversoir, multipliée par la largeur effective du déversoir $W_{eff}$. La distance d'écoulement libre a est la distance la plus courte entre le profil du déversoir et le bord inférieur du corps d'accumulation et dépend du porte à faux amont de la pile $p_K$, de la charge amont sans BF $H_o$ et de la profondeur d'immersion $t_H$. Pour la forme elliptique du quadrant amont d'un profil USACE standard, la distance libre a peut-être approximée de manière simplifiée avec :

$$a = \sqrt{\left(p_K - \frac{2}{3}k\right)^2 + \left(H_o - t_H + \frac{c - \sqrt{c^2 - \frac{4}{9}k^2}}{2}\right)^2} \quad \text{for } p_K \geq 0 \qquad (28)$$

- Without piers (and gates or a weir bridge, b=$L_M$ is large), no effect of a driftwood blockage on the ogee crest discharge coefficient $C_d$ was observed if the maximum trunk diameter $D_M$ was below $0.35H_R$ that means that all trunks passed.

- A blockage with an individual and sporadic trunk passage was observed for trunk diameters of $0.35H_R$–$0.60H_R$, and a full blockage occurred for diameters exceeding $0.60H_R$.

- A full rack (one bar per pier, respecting the Godtland and Tesaker criterion) positioned 0.5b upstream of the weir front almost removed (discharge coefficient reduction less than 5%, i.e. $\eta > 0.95$) the effect of the driftwood blocked at the rack. A reduced rack with one bar every other pier did not respect the Godtland and Tesaker criterion. Accordingly, wood reached the ogee crest and partially perturbed the discharge capacity so that the discharge coefficient of the standard ogee crest was reduced up to 10%, i.e. $\eta \geq 0.90$.

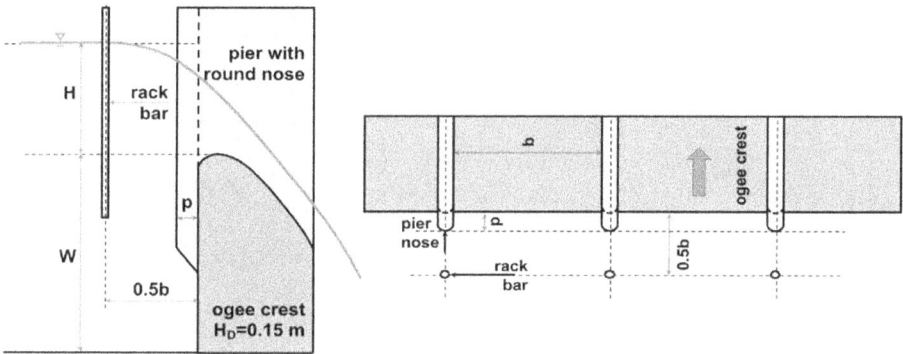

Fig. 5.5
Layout of physical model by Pfister et al. (2020)

Effect of overhanging pier nose or vertical racks

In physical model tests carried out in the Laboratory of Hydraulics, Hydrology and Glaciology at ETH Zurich, Switzerland, the effect of blockage by LW at an unregulated ogee crested spillway equipped with upstream overhanging piers on the backwater rise in the reservoir was also systematically studied.

The LW accumulation at weir piers can be described as a single-layered vertical stack of logs, which immersed by the distance $t_H$ below the initial water level (Fig. 5.2). As the accumulation volume increases, the backwater rise increases and asymptotically reaches its maximum. Even a very small amount of LW blocked at a spillway can lead to a large backwater rise $\Delta H$. The area between the accumulation body and the spillway profile is an open flow cross-section and characterized by the clear distance $a$ between the lower edge of the accumulation body at the level of the pier noses and the upstream quadrant of the spillway profile, multiplied by the effective weir width $W_{eff}$. The clear distance $a$ is the shortest distance between the spillway profile and the lower edge of the accumulation body and depends on the pier extension $p_K$, the overflow depth $H_o$ and the immersion depth $t_H$. For the elliptical shape of the upstream quadrant of a standard USACE profile, $a$ can be approximated in a simplified way with:

$$a = \sqrt{\left(p_K - \frac{2}{3}k\right)^2 + \left(H_o - t_H + \frac{c - \sqrt{c^2 - \frac{4}{9}k^2}}{2}\right)^2} \qquad \text{for } p_K \geq 0, \tag{28}$$

135

où c correspond au demi-axe principal de l'ellipse (Fig. 5.2) (Stocker et al. 2022, Boes et al. 2023a,b). La profondeur d'immersion $t_H$ normalisée par la charge amont sans BF $H_o$ peut être exprimée en fonction de la longueur de porte à faux amont normalisée de la pile $P_K = p_K / H_o$ (Stocker et al. 2022) dans une bande de prédiction de $\pm 30\%$ :

$$\frac{t_H}{H_o} = T_H = 0.91 \cdot e^{-\frac{2}{3}P_K} \tag{29}$$

La figure 5.6 représente l'augmentation relative de la charge amont $\Delta H_{max}/H_o$ en fonction de la surface d'écoulement unitaire relative $a/H_o$ pour des essais avec trois classes de diamètre de troncs différentes (A-C). L'augmentation relative de la charge amont peut être estimée pour des valeurs $a/H_o \geq 0,3$ avec ($R^2=0,84$) :

$$\frac{\Delta H_{max}}{H_o} = 1.5 \cdot e^{-4.2\frac{a}{H_o}} \qquad \text{for } a/H_o \geq 0.3 \tag{30}$$

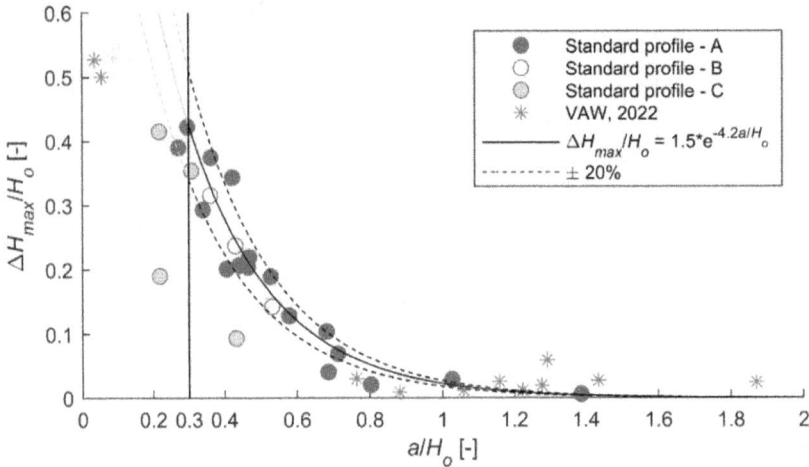

Fig. 5.6
Augmentation relative maximale de la charge amont $\Delta Hmax/Ho$ en fonction de la surface d'écoulement unitaire relative $a/Ho$ avec (——) approximation par l'Eq. (30) et (-----) plage de prédiction de $\pm 20\%$ pour un profil de déversoir standard avec les classes de diamètre de troncs A, B et C ainsi que pour un profil de déversoir non standard (Stocker et al. 2022)

Pour un blocage complet de l'évacuateur de crues, l'augmentation relative maximale de la charge amont $\Delta H_{max}/H_o$ peut être estimée à l'aide des équations (28) à (30) en fonction de la géométrie du déversoir, de la longueur du porte à faux amont de la pile $p_K$ et de charge amont Ho sans BF. Dans la figure 5.7, les valeurs estimées pour $\Delta H_{max}/H_o$ sont tracées en fonction des $\Delta H_{max}/H_o$ mesurés pour les données de Stocker et al. (2022) et VAW (2022) comparées à Bénet et al. (2021) et Hartlieb (2015) pour un profil de déversoir standard ainsi que pour un profil de déversoir non standard (VAW 2022). La méthode de conception proposée pour l'élévation de la charge amont tend à être en accord avec les données de Bénet et al. (2021) et Hartlieb (2015).

where $c$ corresponds to the major semi-axis of the ellipse (Fig. 5.2) (Stocker et al. 2022, Boes et al. 2023a,b). The immersion depth $t_H$ normalized by the overflow depth $H_o$ can be expressed as a function of the normalized pier extension $P_K = p_K / H_o$ (Stocker et al. 2022) within a prediction band of $\pm30\%$

$$\frac{t_H}{H_o} = T_H = 0.91 \cdot e^{-\frac{2}{3}P_K} \tag{29}$$

Fig. 5.6 plots the normalized maximum backwater rise $\Delta H_{max}/H_o$ as a function of the relative unit flow cross-sectional area below the accumulation body $a/H_o$ for tests with three different LW diameter classes (A-C). The normalized backwater rise can be approximated for values $a/H_o \geq 0.3$ with ($R^2=0.84$)

$$\frac{\Delta H_{max}}{H_o} = 1.5 \cdot e^{-4.2\frac{a}{H_o}} \qquad \text{for } a/H_o \geq 0.3 \tag{30}$$

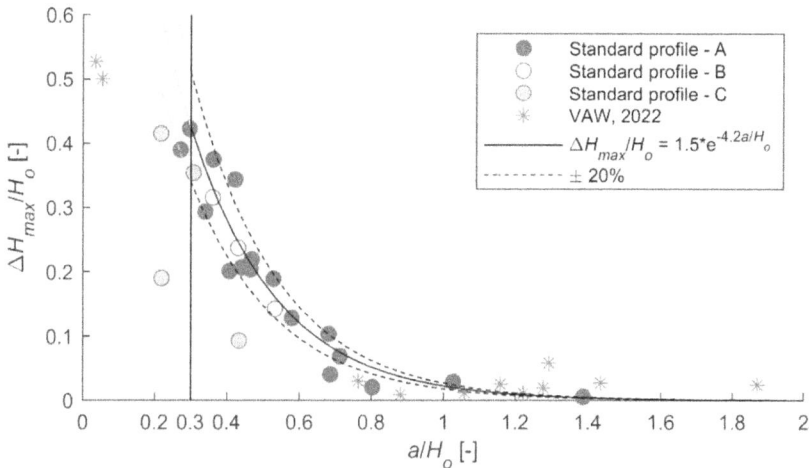

Fig. 5.6

Maximum relative backwater rise $\Delta H_{max}/H_o$ as a function of the relative unit flow area $a/H_o$ with (——) approximation by Eq. (30) and (-----) $\pm20\%$ prediction range for a standard weir profile with diameter classes A, B, and C as well as for a non-standard weir profile (Stocker et al. 2022)

For a full spillway blockage, the resulting maximum relative backwater rise $\Delta H_{max}/H_o$ can be estimated using Eqs. (28) to (30) as a function of the weir geometry, pier extension $p_K$, and overflow depth $H_o$. In Fig. 5.7, estimated values for $\Delta H_{max}/H_o$ are plotted versus the measured $\Delta H_{max}/H_o$ for the data of Stocker et al. (2022) and VAW (2022) compared to Bénet et al. (2021) and Hartlieb (2015) for a standard weir profile as well as for a non-standard weir profile (VAW 2022). The proposed design method of the backwater rise tends to agree well with the data from Bénet et al. (2021) and Hartlieb (2015).

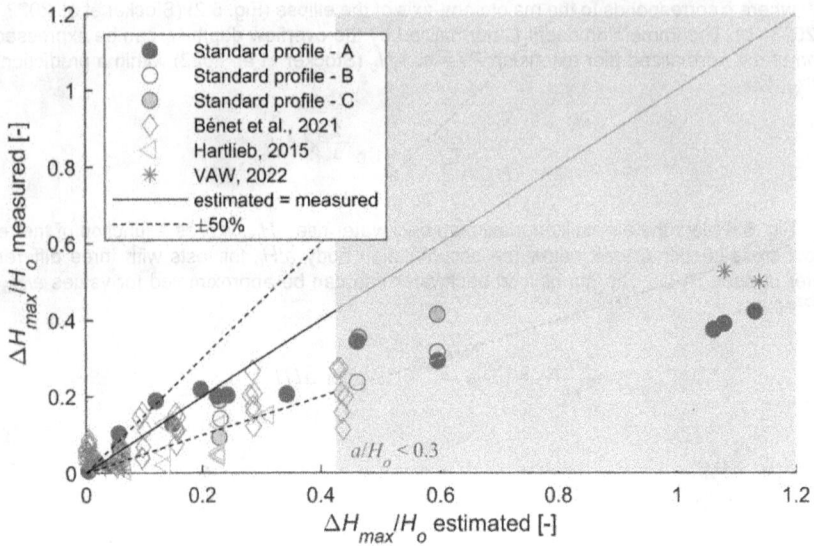

**Fig. 5.7**
Augmentation relative maximale de la charge amont $\Delta Hmax/H_o$ par rapport à $\Delta Hmax/Ho$ estimée avec les équations (28) à (30) pour un profil de déversoir standard ainsi que pour un profil de déversoir non standard (VAW, 2022) avec (——) droite y=(x) et (-----) une plage de prédiction de ±50% ; la zone grisée met en évidence la limite $a/Ho < 0,3$, pour laquelle l'équation (30) n'est pas valide.

Les extensions amont de piles peuvent retenir les BF et empêcher l'obstruction du déversoir, à l'instar piège à BF. Si la longueur du porte à faux amont de la pile est suffisamment grande, l'augmentation de la charge amont due à l'accumulation de BF contre le nez de la pile peut être limitée. Même pour des accumulations importantes, la section d'écoulement sous l'accumulation est suffisante, de sorte que l'augmentation de charge amont reste comparativement faible. Les recommandations suivantes peuvent être déduites des résultats des tests de blocage de BF sur les piles en porte à faux amont (Stocker et al., 2022) :

- Si les vitesses d'écoulement à l'approche sont inférieures à 1 m/s, un tapis de BF lâche se forme sans accumulation verticale ;

- Avec une distance d'écoulement libre sous l'accumulation de a > 0,65 $H_o$, l'augmentation relative de charge amont est faible avec $\Delta Hmax/H_o < 0,1$ (Fig. 5.6) ;

- Pour un allongement du porte à faux amont de la pile de $pK \geq H_o$, l'augmentation de la charge amont relative est de $\Delta Hmax/H_o < 0,1$, car le coefficient de débit n'est que légèrement réduit ($\eta > 95\%$) (Fig. 5.3) ;

- Les piles de déversoir dont les extrémités amont sont alignées avec la crête du déversoir (c'est-à-dire sans porte à faux amont) peuvent provoquer une augmentation incontrôlée de la charge amont en raison de l'accumulation de BF (Fig. 2.2) et devraient être évitées.

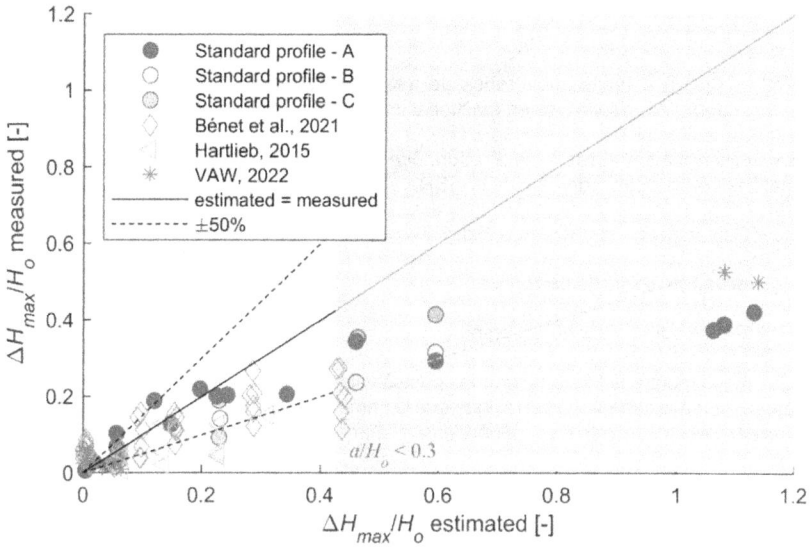

Fig. 5.7
Measured maximum relative backwater rise ΔHmax/$H_o$ versus ΔHmax/$H_o$ estimated with Eqs. (28) to (30) for a standard weir profile as well as for a non-standard weir profile (VAW, 2022) with (——) estimated equal measured values and (-----) ±50% prediction range; the grey shaded area highlights a/$H_o$ < 0.3, for which Eq. (30) is not valid

Pier extensions into the headwater can retain LW and prevent blockage of the spillway similar to a retention rack. If the pier extension is sufficiently large, the backwater rise due to the LW accumulation at the pier noses can be kept small. Even for large accumulations, the cross-sectional flow area below the accumulation is sufficient, so the backwater rise remains comparably small. The following recommendations can be derived from the results of LW blockage tests at overhanging piers (Stocker et al., 2022):

- If the approach flow velocities are less than 1 m/s a loose LW carpet is formed with no formation of a vertical accumulation;

- With a clear distance below the accumulation of $a > 0.65\ H_o$, the maximum relative backwater rise is small with $\Delta H_{max}/H_o < 0.1$ (Fig. 5.6);

- For a pier extension of $p_K \geq H_o$, the maximum relative backwater rise amounts to $\Delta H_{max}/H_o < 0.1$, as the discharge coefficient is only slightly reduced ($\eta > 95\%$) (Fig. 5.3);

- Weir piers whose upstream ends are aligned with the weir crest (i.e. do not extend into the headwater) may cause an uncontrolled backwater rise due to LW accumulation (Figure 2.2) and should be avoided.

### 5.4.2. Effet du « Gate index »

Walker (2018) a réalisé des séries de tests sur des modèles physiques pour évaluer la réduction de la débitance de vannes en fonction d'un paramètre appelé « Gate index ».

Les tests ont été réalisés dans le laboratoire de l'USBR sur un seuil vanné profilé censé être représentatif des évacuateurs de crue de l'USBR.

Le « Gate index » est défini (voir Fig. 5.8) comme le rapport $G_o/H_r$ où :

$G_o$ = ouverture verticale de l'orifice

$H_r$ = charge sur la crête du déversoir.

Comme le montre la Fig. 5.9, pour les petites valeurs de « Gate index » (petite ouverture des vannes par rapport à la charge, ce qui indique que la partie ouverte de l'orifice se situe en profondeur), les impacts des débris sont minimes, généralement inférieurs à 10% pour un « Gate index » inférieur à 0,7.

Cependant, à des valeurs de « Gate index » élevées, où les vannes sont hors d'eau, l'impact maximal était une réduction du débit de 25% pour un embâcle « naturel ».

En plus de l'embâcle naturel, qui s'est formé dans le modèle en raison de processus physiques, les corps flottants ont été coincés manuellement pour former un embâcle « artificiel » où leur densité beaucoup plus élevée peut fournir une limite supérieure conservative de leurs effets sur la débitance. Dans ces conditions, l'impact maximal de l'embâcle artificiel était une réduction de la débitance de 40%.

Fig. 5.8
« Gate index » selon Walker et al. (2018)

### 5.4.2. Effect of Gate index

Walker (2018) performed series of tests on physical models to assess the reduction of discharge capacity as a function of a parameter called "Gate index".

Tests were performed in the USBR laboratory on a dam equipped with gated ogee spillways supposed to be representative of USBR spillways.

The Gate index is defined (see Fig. 5.4) as the ratio $G_o/Hr$ where:

$G_o$ = vertical orifice opening

$H_r$ = Head above ogee crest in reservoir

As shown in Fig. 5.9, at small gate index values (small gate opening relative to reservoir head, indicating that the open orifice is considerably below the water surface elevation) debris impacts were minimal, typically smaller than 10% for Gate index smaller than 0,7.

However, at high gate index values where the spillway gates are out of the water, the maximum impact was a discharge reduction of 25% for "natural" jam.

In addition to the natural jam that formed in the model due to physical processes, the debris was manually condensed to form an "artificial" jam where the much higher debris density can provide a conservative upper limit to the impacts that spillway debris can create. In these conditions, the maximum impact from the artificial jam to the water surface elevation was a discharge capacity reduction of 40%.

Fig. 5.8
Gate index by Walker et al. (2018)

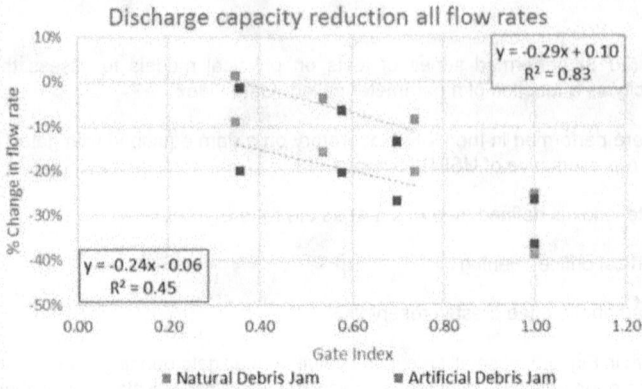

Fig. 5.9
Réduction de la débitance en fonction du « Gate index » selon Walker et al. (2018)

## 5.5. DIAGRAMME D'ÉVALUATION DES RISQUES ET GESTION DES RISQUES

Le rapport de la Commission suisse des barrages sur les questions relatives aux débris flottants sur les évacuateurs de barrage recommande l'utilisation de la procédure d'évaluation des risques suivante lors de l'examen d'un évacuateur de barrage existant et/ou de la construction d'un nouvel évacuateur (Boes et al., 2017) :

1. Collecte/détermination des informations de base sur l'évacuateur du barrage (type, dimension, etc.) ainsi que détermination de l'impact (retour d'expérience des crues passées, volumes de gros bois, retour d'expérience du fonctionnement hydraulique de l'évacuateur) ;

2. Examen des recommandations relatives aux dimensions minimales de l'évacuateur et estimation de la probabilité de blocage ;

3. Évaluation des conséquences de l'obstruction ;

4. Décision quant à l'existence ou non d'un risque pour le barrage en raison de la présence de gros bois ;

5. Développement de mesures pour réduire les risques pour le barrage.

Ceci est illustré sur la Fig. 5.10 ci-dessous (Boes et al., 2017).

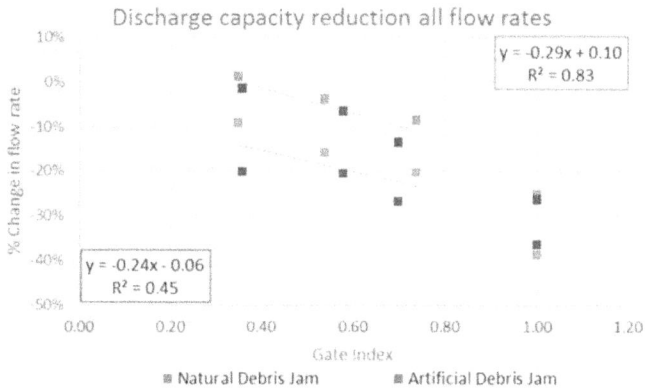

Fig. 5.9
Discharge capacity reduction according to gate index by Walker et al. (2018)

## 5.5.    HAZARD ASSESSMENT DIAGRAM AND RISK MANAGEMENT

The report of the Swiss Committee on Dams on the State of Floating Debris Issues at Dam Spillways recommends the use of the following hazard assessment procedure when examining an existing dam spillway and/or building a new one (Boes et al., 2017):

1.  Collecting/determining basic information on the dam spillway (type, dimension, etc.) as well as determining the impact (flood load cases, volume of large wood, dam spillway hydraulics);

2.  Review of the recommendations for minimum dam spillway dimensions and estimation of the blocking probability;

3.  Assessment of the obstruction consequences;

4.  Decision as to whether there is a risk for the dam due to large wood or not;

5.  Development of measures to reduce the risks for the dam

This is illustrated on the below Fig. 5.10 (Boes et al., 2017)

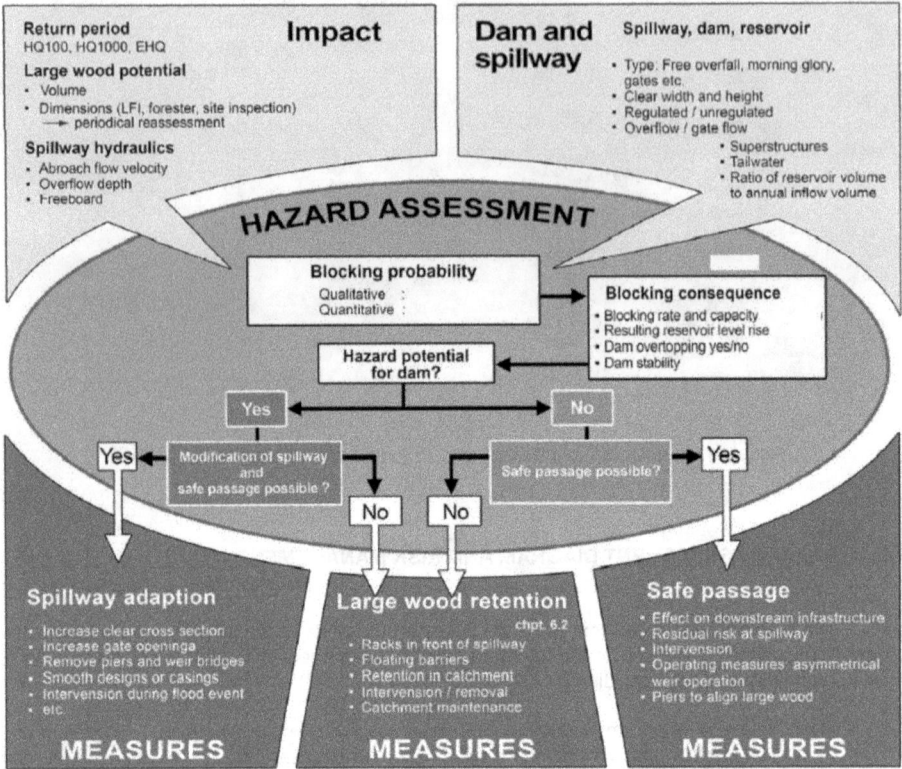

Fig. 5.10
Diagramme de gestion des risques (Boes et al., 2017)

Dans certains cas, une stratégie efficace de gestion du risque de blocage de l'évacuateur peut être basée sur l'acceptation des conséquences d'un blocage temporaire partiel ou complet et sur la mise en place de moyens appropriés d'évacuation, éventuellement combinés à une rétention partielle, des gros bois pendant la crue. Cette stratégie peut être utilisée dans les réservoirs où le volume potentiel de gros bois est relativement faible et où la zone de stockage disponible a le potentiel de réduire le taux de transport de gros bois vers l'évacuateur et/ou lorsque des évacuateurs auxiliaires, permettant un passage sûr, sont prévus. Cette stratégie pourrait également être appliquée aux réservoirs où un débordement de courte durée peut être toléré, tels que certains barrages en béton ou en maçonnerie.

L'adoption d'une telle stratégie nécessiterait une évaluation de la taille et de la forme maximales attendues des gros bois, généralement basées sur la taille des arbres existant à proximité du réservoir, ainsi que du volume, de l'atténuation et du taux de transport attendus des gros bois vers l'évacuateur. Cette évaluation peut être basée sur des méthodes d'analyse simplifiées et conservatives et sur le retour d'expérience. Sinon, elle pourrait utiliser un modèle numérique tenant compte, entre autres, de l'hydrogramme de la crue, des caractéristiques du bassin versant, du réservoir et des évacuateurs, de la direction et de la vitesse des vents dominants et des vagues qui en résultent, etc. comme indiqué à la section 2.3.2.

Si l'enlèvement de gros bois et/ou d'autres débris flottants pendant l'événement de crue est inclus dans la stratégie de gestion du risque d'obstruction de l'évacuateur, l'adéquation de l'enlèvement des débris (capacité et temps de mobilisation) et la fiabilité de l'accès au réservoir pour le matériel permettant l'enlèvement doivent également être évaluées de manière approfondie.

**Return period**
HQ100, HQ1000, EHQ

**Large wood potential**
- Volume
- Dimensions (LFI, forester, site inspection)
  → periodical reassessment

**Spillway hydraulics**
- Abroach flow velocity
- Overflow depth
- Freeboard

**Impact**

**Dam and spillway**

**Spillway, dam, reservoir**
- Type: Free overfall, morning glory, gates etc.
- Clear width and height
- Regulated / unregulated
- Overflow / gate flow
  - Superstructures
  - Tailwater
  - Ratio of reservoir volume to annual inflow volume

**HAZARD ASSESSMENT**

**Blocking probability**
Qualitative :
Quantitative :

**Blocking consequence**
- Blocking rate and capacity
- Resulting reservoir level rise
- Dam overtopping yes/no
- Dam stability

**Hazard potential for dam?**

Yes — No

Yes — Modification of spillway and safe passage possible ? — No — No — Safe passage possible? — Yes

**Spillway adaption**
- Increase clear cross section
- Increase gate openings
- Remove piers and weir bridges
- Smooth designs or casings
- Intervension during flood event
- etc.

**Large wood retention** chpt. 6.2
- Racks in front of spillway
- Floating barriers
- Retention in catchment
- Intervention / removal
- Catchment maintenance

**Safe passage**
- Effect on downstream infrastructure
- Residual risk at spillway
- Intervension
- Operating measures: asymmetrical weir operation
- Piers to align large wood

**MEASURES**     **MEASURES**     **MEASURES**

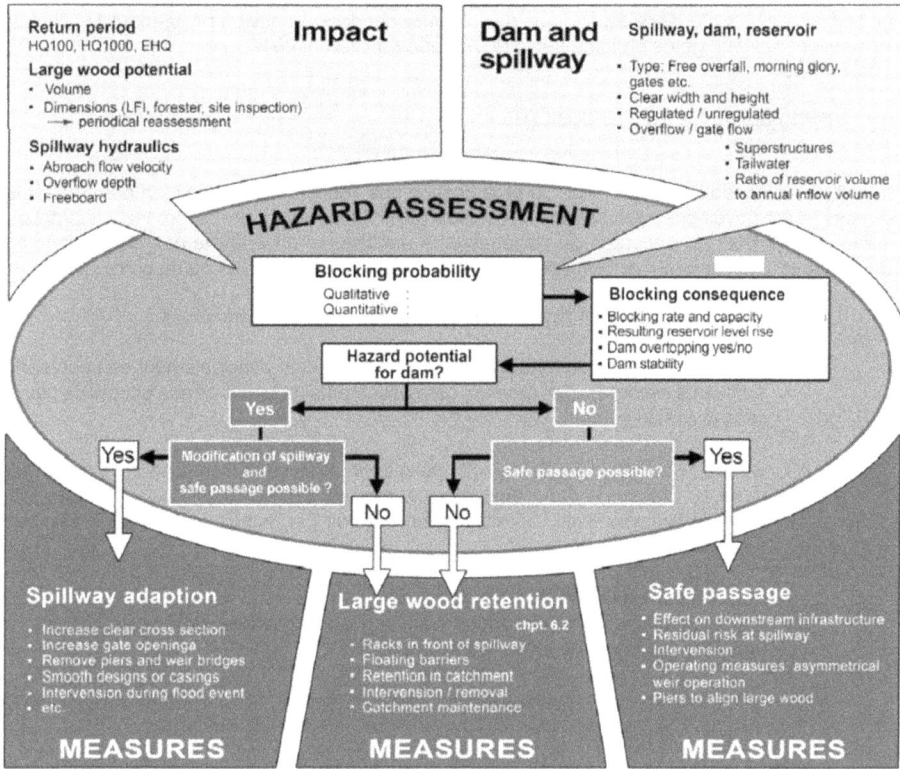

Fig. 5.10
Hazard Assessment Diagram (Boes et al., 2017)

In some cases, an efficient strategy of managing the risk of spillway blockage may be based on the acceptance of the consequences of temporary partial or complete spillway blockage and providing suitable means of removal, possibly combined with partial retention, of large debris during the flood event. This may be used at reservoirs where the large wood volume potential is relatively low and where the available storage area has got the potential to reduce the rate of transport of large wood to the spillway and/or where auxiliary spillways allowing safe passage are provided. Also, this strategy could be applied at reservoirs where short duration overtopping may be tolerable such as some concrete or masonry dams.

Adopting such a strategy would require an assessment and detailed physical and/or numerical modelling of the expected maximum size and shape of the large wood, typically based on the size of the trees existing in close proximity to the reservoir, as well as of the expected volume, attenuation and rate of transport of large wood to the spillway. Such an assessment could be based on conservative simplified methods of analysis and operational experience. Alternatively, it could employ a detailed hydrodynamic numerical model allowing amongst other things for the design flood hydrograph, catchment, reservoir and spillway characteristics, direction and speed of prevailing winds and resulting waves etc. as discussed in section 2.3.2.

Should removal of large wood and/or other floating debris during the flood event be included in the strategy for managing the risk of spillway obstruction, the adequacy of debris removal (capacity and time for mobilisation) and reliability of the access to the reservoir for large debris removal equipment during a flood event should also be thoroughly assessed.

La gestion des débris flottants coincés dans les évacuateurs est décrite comme une méthode plus incertaine car l'expérience montre que des volumes dangereux peuvent rapidement s'accumuler et ne peuvent pas être gérés en toute sécurité (Astrand & Persson, 2017).

## 5.6. ANALYSE DE LA VULNÉRABILITÉ

Une "méthodologie pour l'analyse et la gestion des débris flottants dans les barrages et les réservoirs" a été développée par Astrand & Persson (2017), fournissant une approche systématique à utiliser par les maîtres d'ouvrage de barrages pour analyser la vulnérabilité des installations aux débris flottants, et pour analyser l'effet de l'adoption de mesures préventives ou de correction.

La méthodologie consiste en l'évaluation de trois composantes principales :

- Potentiel de formation de débris flottants - dépendant principalement de la présence d'affluents escarpés, de l'érosion, des glissements de terrain et des chutes de pierres dans le bassin versant,

- Risque de transport de débris flottants vers l'installation - en fonction de la profondeur et de la vitesse de l'eau depuis les zones de production jusqu'au barrage, mais aussi de la forme et de l'orientation du réservoir par rapport à la direction des vents dominants.

- Risque pour les débris flottants de se coincer dans les évacuateurs - en fonction de la largeur du déversoir par rapport à la longueur des arbres, ainsi que du nombre de Froude directement en amont du déversoir.

Les composantes susmentionnées sont ensuite évaluées et se voient attribuer un potentiel de formation, de transport et de blocage respectivement "élevé", "partiel" ou "faible".

Sur cette base, la vulnérabilité combinée est évaluée et une note de vulnérabilité "élevée" est attribuée aux évacuateurs pour lesquelles les trois composantes ont un potentiel d'occurrence élevé.

L'évaluation globale de la vulnérabilité est utilisée pour identifier les installations qui doivent faire l'objet d'une action prioritaire.

Le rapport fournit une procédure de sélection de la mesure de mitigation appropriée pour un barrage spécifique. La décision d'une mesure de mitigation est prise sur la base des conditions présentes sur site en crue et de l'effet que cette mesure peut avoir également du point de vue de l'impact sur le bassin versant. La procédure est illustrée dans le diagramme ci-dessous (Fig. 5.11) :

However, management of floating debris stuck in the spillways is described as a more uncertain method, as experience shows that dangerous volumes can soon build up, which cannot be managed safely (Astrand & Persson, 2017).

## 5.6.    VULNERABILITY ANALYSIS

A 'Methodology for analysing and managing floating debris at dams and reservoirs' has been developed by Astrand & Persson (2017) providing a systematic approach for use by dam owners to analyse the vulnerability of dam facilities' to floating debris, and to analyse the adoption of appropriate measures taking into consideration the river perspective

The methodology consists of the assessment of three main components;

- Potential for the formation of floating debris - mainly depending on the presence of steep tributaries, erosion, landslides and rockfalls within the catchment as well as on flooding, and high floods and water velocities that carry objects already in or adjacent to the body of water

- Potential for transport of floating debris to the facility - depending on water depths and velocities on the route but also on the reservoir shape and orientation relative to the direction of prevailing winds

- Potential for floating debris to get stuck in the spillway opening and subsequently drawn down to the spillway threshold - depending on the width of the spillway compared to tree lengths as well as the Froude number directly upstream the spillway

The above components are then assessed and assigned 'high', 'some' or 'low' potential of formation, transport and blockage respectively.

On this basis, the combined vulnerability is assessed, and a 'high' vulnerability rating is assigned to structures where all three components have got a high potential of occurrence.

The overall vulnerability assessment is used to identify the facilities to be prioritised for action.

The report provides a procedure for selecting the appropriate measure for a specific dam facility. The decision is made based on the conditions that are present at the facility and the effect that this measure can achieve also from a river perspective. The procedure is illustrated on the below diagram (Fig. 5.11):

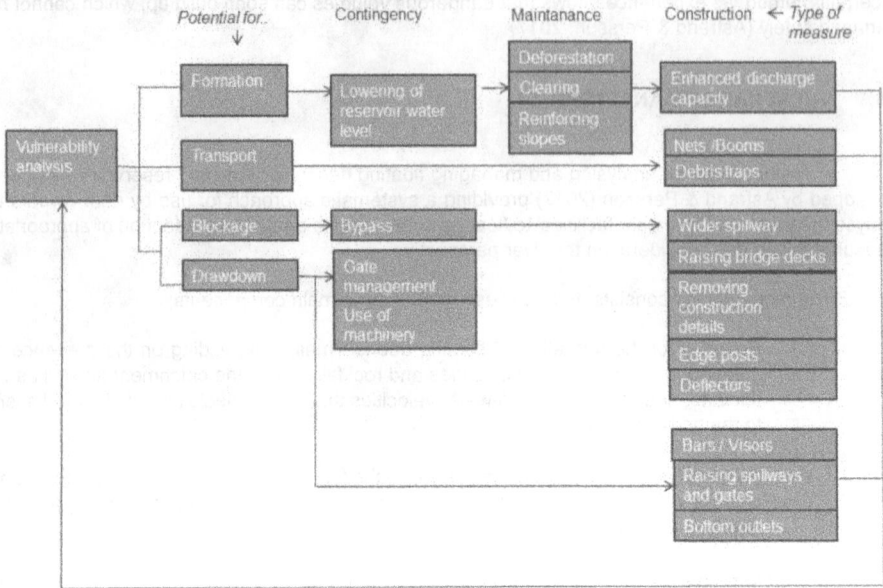

Fig. 5.11
Diagramme de gestion du risque de corps flottants (Astrand & Persson, 2017)

## 5.7. TRAVAUX FUTURES

Comme indiqué dans les sections précédentes de ce bulletin, les méthodes actuelles d'évaluation de la production, du transport et du volume des débris flottants, ainsi que les méthodes d'évaluation et de gestion du risque de blocage des évacuateurs de réservoirs par des débris flottants sont sujettes à un certain nombre d'incertitudes et de limitations. Il serait important d'y remédier à l'avenir pour mieux comprendre et gérer plus efficacement le risque de blocage par des débris flottants. Les domaines clés de la recherche et du développement futurs dans ces domaines sont les suivants :

- Amélioration des méthodes d'analyse spatiale pour identifier les débris flottants potentiels de type gros bois ou d'origine humaine (bateaux, pontons, maisons mobiles, etc.) le long des rivières en utilisant une combinaison d'inspections sur le terrain et des outils SIG afin de réduire les incertitudes associées aux méthodes empiriques actuelles et à d'autres méthodes d'estimation du volume des débris flottants ;

- Expansion de la base de données utilisée pour déterminer les dimensions minimales requises de la section de passage entre un amas de bois bloqué et un seuil d'évacuateur grâce à des essais systématiques sur modèle et au retour d'expérience des prototypes pour inclure un large éventail de conditions topographiques, géologiques, climatiques, ...

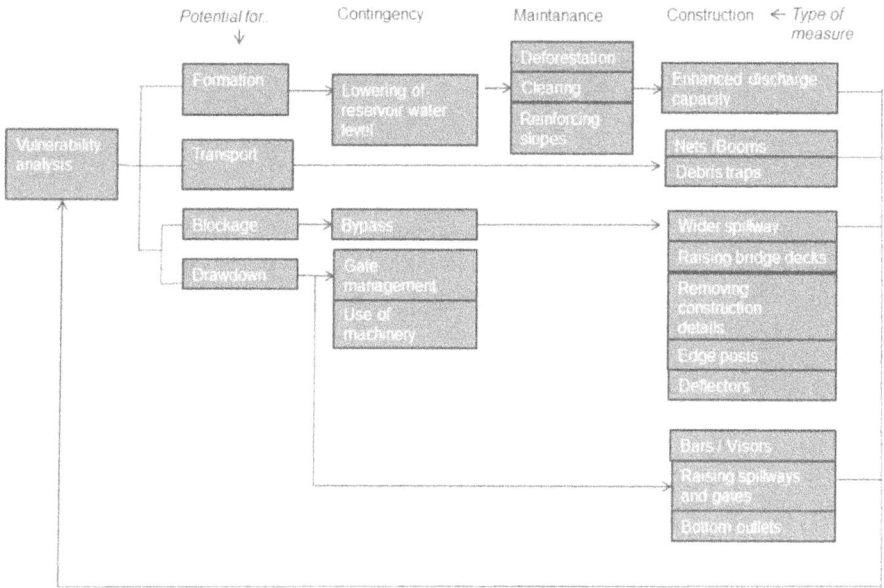

Fig. 5.11
Flow Chart for determining the potential for formation of floating debris (Astrand & Persson, 2017)

## 5.7. FURTHER WORK

As discussed in the previous sections of this Bulletin, the current methods for evaluation of the production, transport and volume of floating debris, as well as the methods for evaluation and management of the risk of blockage of reservoir spillways by floating debris are subject to a number of uncertainties and limitations. Addressing these in future would be important for understanding better and managing more efficiently the risk posed by blockages by floating debris. Key areas of focus of future research and development in these areas are:

- Improvement of the spatial analysis methods to identify potential floating debris from large wood or from human origins (boats, pontoon, mobile homes etc.) along rivers using a combination of field inspections and ArcGIS in order to address the uncertainties associated with the current empirical and other methods of floating debris volume estimation;

- Expansion of the data base used to determine the minimum required spillway bay opening dimensions through further systematic model testing and prototype experience to include a wide range of topographical, geological, climatic and other geographical conditions.

- Impact des débris sur la capacité d'évacuation de l'évacuateur de crues par des tests paramétriques systématiques

- Amélioration des modèles numériques utilisés pour simuler les processus dynamiques de transport de débris flottants et d'obstruction des structures des déversoirs ;

- Amélioration de la fiabilité des barrages flottants en ce qui concerne les charges dynamiques ;

- Poursuivre les recherches pour mieux comprendre :

  - le transport des débris à travers les rivières et les réservoirs des barrages :
    - définition de critères permettant aux débris de ne pas atteindre l'évacuateur du barrage (faible vitesse de l'eau par rapport aux forces du vent, lignes de courant externes dans les coudes de la rivière, dépôt des débris sur la berge).
    - réduction de la taille et de la géométrie des débris atteignant l'évacuateur du barrage

  - corrélation entre les caractéristiques de la crue et le volume de débris flottants produits (Astrand & Persson, 2017) ;

  - les profondeurs d'écoulement requises au niveau des évacuateurs des barrages pour assurer le passage en toute sécurité des débris flottants (Boes et al., 2017) ;

  - l'impact du système racinaire ayant des formes et différentes sur la probabilité d'obstruction des évacuateurs ;

  - les vitesses de l'eau nécessaires pour attraper et transporter de plus grands volumes d'arbres ; davantage d'informations dans ce domaine pourraient potentiellement être obtenues à partir des données disponibles sur le transport du bois dans les voies navigables (Astrand & Persson, 2017) ;

  - l'impact de la vitesse de surface et de la densité sur l'ennoiement des débris flottants, en particulier dans la plage $0,15 < Fr < 0,3$ (Astrand & Persson, 2017) ;

En attendant, lorsque des incertitudes significatives persistent concernant la quantité de gros débris flottants et les processus d'obstruction, les modèles physiques hydrauliques resteraient un outil indispensable pour l'évaluation et la gestion du risque de blocage (Boes et al., 2017).

- Impact of debris on spillway discharge capacity by systematic parametrical tests

- Further enhancement of the numerical models used to simulate the dynamic processes of floating debris transport and obstruction of spillway structures;

- Enhancement of the reliability of designing floating booms with regards to dynamic loads;

- Further research to establish:

  - transportation of debris through rivers and dam reservoirs:
    - definition of criteria whereby the debris might not reach the dam spillway (small water velocity versus wind forces, external stream lines in river curves, rerouting the debris to the bank).
    - reduction of size and geometries of debris reaching the dam spillway

  - correlation between the flood characteristics and the volume of floating debris produced (Astrand & Persson, 2017);

  - required flow depths at dam spillways to ensure safe passage of floating debris which are currently little known (Boes et al., 2017);

  - impact of rootstocks having different shapes and configuration on the probability of obstruction of spillways;

  - water velocities required to catch and transport larger volumes of trees; more information in this area could potentially be obtained from available data on timber transport in waterways (Astrand & Persson, 2017);

  - impact of the surface velocity and density on the drawdown of floating debris especially in the range $0.15<Fr<0.3$ (Astrand & Persson, 2017);

Meanwhile, where significant uncertainties are present regarding the amount of large floating debris and the processes of obstructions, hydraulic model tests would remain an indispensable tool for evaluation and management of the risk of blockage (Boes et al., 2017).

# 6.  BIBLIOGRAPHIE

ASTRAND, S. & PERSSON, F. (2017). Methodology for analyzing and managing floating debris at dams and reservoirs, Energiforsk.

BC HYDRO (1994); Guidelines for the Design of Debris Booms, Report No H2703, BC Hydro, Hydroelectric Engineering Division, March 1994

BÉNET, L., DE CESARE, G., PFISTER, M. (2021). Reservoir level rise under extreme driftwood blockage at ogee crest. Journal of Hydraulic Engineering 147(1). Doi:10.1061/(ASCE)HY.1943–7900.0001818.

BENN et al. (2019). *Culvert, screen and outfall manual.* London: CIRIA

BEZZOLA, G.R., GANTENBEIN, S., HOLLENSTEIN, R., MINOR, H.-E. (2002). Verklausung von Brückenquerschnitten [Blocking of bridge cross-sections]. Intl. Symp. Moderne Methoden und Konzepte im Wasserbau, VAW-Mitteilung 175, 87–97, H.-E. Minor, ed.

BEZZOLA, G.R., HEGG, C. (eds.) (2007). Ereignisanalyse Hochwasser 2005 Teil 1: Prozesse, Schäden und erste Einordnung. BAFU, WSL, *Umwelt-Wissen* 0825, WSL,Birmensdorf.

BEZZOLA, G.R., HEGG, C., (eds.) (2008). Ereignisanalyse Hochwasser 2005 Teil 2: Analyse von Prozessen, Massnahmen und Gefahrengrundlagen [Analysis of 2005 flood event, Part 2: Processes, provisions and hazard evaluation]. Federal Office for the Environment FOEN, Swiss Federal Institute for Forest, Snow and Landscape Research WSL, Umwelt-Wissen 0825, WSL, Birmensdorf [in German].

BOES et al. (2017). Floating debris at reservoir dam spillways. Report of the Swiss Committee on Dams on the state of floating debris issues at dam spillways.

BOES, R.M., STOCKER, B. & LAIS, A. (2023a). How to cope with floating debris at dam overflow spillways. *Proc. Symposium "Management for safe dams"*, ICOLD Annual Meeting, Gothenburg, Sweden.

BOES, R., STOCKER, B., LAIS, A. (2023b). Schwemmholz an Talsperren: Abflusskapazität, Aufstau und Gegenmaßnahmen. ('Large wood retention at dams: discharge capacity, water level rise and measures'). WasserWirtschaft, 2023 (6):84–91.

BÖHL, J., BRÄNDLI, U.B. (2007). Deadwood volume assessment in the third Swiss National Forest Inventory: methods and first results. Eur. J. For. Res. 126(3), 449–457.

BRADLEY, J.B., RICHARDS, D.L., BAHNER, C.D. (2005). Debris control structures: Evaluation and countermeasures. U.S. Dept, Transportation, Federal Highway Administration Report No. FHWA-IF-04–016, Washington, D.C.

BRUSCHIN, J., BAUER, S., DELLEY, P., AND TRUCCO, G. (1982). The Overtopping of the Palagnedra Dam. Water Power and Dam Construction, 34(1), 13–19.

CANADA DAM ASSOCIATION (2009). Dam Safety Guidelines, Edmonton Alberta, Canada.

CEATI Report No T042700-0209, (2005). Debris in reservoirs an drivers – Dam safety aspects

CEATI Workshop on Extreme Events, held in Montreal, Quebec, Canada, 16–17 October 2012.

CHAVE, J., COOMES, D., JANSEN, S., LEWIS, S. L., SWENSON, N. G., & ZANNE, A. E. (2009). Towards a worldwide wood economics spectrum. Ecology Letters, 12(4),351–366. https://doi.org/10.1111/j.1461-0248.2009.01285.x

DATH, J., MATHIESEN, M., (2007). Förstudie hydraulisk design - Inventering och översiktlig utvärdering av bottenutskov i svenska dammanläggningar. Elforsk rapport 10:87.

DIEHL, T.H., BRYAN, B.A. (1993). Supply of large woody debris in a stream channel. Proc. 1989 Natl. Conf. Hydraulic Engineering, 1055–1060, ASCE, New York.

DIEHL, T.H. (1997). Potential drift accumulation at bridges, U.S. Dept. Transportation, Federal Highway Administration Report No. FHWA-RD-97-028, Washington, D.C.

DOWNS, P.W., SIMON, A. (2001), "Fluvial geomorphological analysis of the recruitment of large woody debris in the Yalobusha River network, Central Mississippi, USA", Geomorphology 37(1–2), 65–91.

# 6.   BIBLIOGRAPHY

ASTRAND, S. & PERSSON, F. (2017). Methodology for analyzing and managing floating debris at dams and reservoirs, Energiforsk.

BC HYDRO (1994); Guidelines for the Design of Debris Booms, Report No H2703, BC Hydro, Hydroelectric Engineering Division, March 1994

BÉNET, L., DE CESARE, G., PFISTER, M. (2021). Reservoir level rise under extreme driftwood blockage at ogee crest. Journal of Hydraulic Engineering *147*(1). Doi:10.1061/(ASCE)HY.1943-7900.0001818.

BENN et al. (2019). *Culvert, screen and outfall manual.* London: CIRIA

BEZZOLA, G.R., GANTENBEIN, S., HOLLENSTEIN, R., MINOR, H.-E. (2002). Verklausung von Brückenquerschnitten [Blocking of bridge cross-sections]. Intl. Symp. Moderne Methoden und Konzepte im Wasserbau, VAW-Mitteilung 175, 87-97, H.-E. Minor, ed.

BEZZOLA, G.R., HEGG, C. (eds.) (2007). Ereignisanalyse Hochwasser 2005 Teil 1: Prozesse, Schäden und erste Einordnung. BAFU, WSL, *Umwelt-Wissen* 0825, WSL,Birmensdorf.

BEZZOLA, G.R., HEGG, C., (eds.) (2008). Ereignisanalyse Hochwasser 2005 Teil 2: Analyse von Prozessen, Massnahmen und Gefahrengrundlagen [Analysis of 2005 flood event, Part 2: Processes, provisions and hazard evaluation]. Federal Office for the Environment FOEN, Swiss Federal Institute for Forest, Snow and Landscape Research WSL, Umwelt-Wissen 0825, WSL, Birmensdorf [in German].

BOES et al. (2017). Floating debris at reservoir dam spillways. Report of the Swiss Committee on Dams on the state of floating debris issues at dam spillways.

BOES, R.M., STOCKER, B. & LAIS, A. (2023a). How to cope with floating debris at dam overflow spillways. *Proc. Symposium "Management for safe dams"*, ICOLD Annual Meeting, Gothenburg, Sweden.

BOES, R., STOCKER, B., LAIS, A. (2023b). Schwemmholz an Talsperren: Abflusskapazität, Aufstau und Gegenmaßnahmen. ('Large wood retention at dams: discharge capacity, water level rise and measures'). WasserWirtschaft, 2023 (6):84-91.

BÖHL, J., BRÄNDLI, U.B. (2007). Deadwood volume assessment in the third Swiss National Forest Inventory: methods and first results. Eur. J. For. Res. 126(3), 449-457.

BRADLEY, J.B., RICHARDS, D.L., BAHNER, C.D. (2005). Debris control structures: Evaluation and countermeasures. U.S. Dept, Transportation, Federal Highway Administration Report No. FHWA-IF-04-016, Washington, D.C.

BRUSCHIN, J., BAUER, S., DELLEY, P., AND TRUCCO, G. (1982). The Overtopping of the Palagnedra Dam. Water Power and Dam Construction, 34(1), 13–19.

CANADA DAM ASSOCIATION (2009). Dam Safety Guidelines, Edmonton Alberta, Canada.

CEATI Report No T042700-0209, (2005). Debris in reservoirs an drivers – Dam safety aspects

CEATI Workshop on Extreme Events, held in Montreal, Quebec, Canada, 16 – 17 October 2012.

CHAVE, J., COOMES, D., JANSEN, S., LEWIS, S. L., SWENSON, N. G., & ZANNE, A. E. (2009). Towards a worldwide wood economics spectrum. Ecology Letters, 12(4),351–366. https://doi.org/10.1111/j.1461-0248.2009.01285.x

DATH, J., MATHIESEN, M., (2007). Förstudie hydraulisk design - Inventering och översiktlig utvärdering av bottenutskov i svenska dammanläggningar. Elforsk rapport 10:87.

DIEHL, T.H., BRYAN, B.A. (1993). Supply of large woody debris in a stream channel. Proc. 1989 Natl. Conf. Hydraulic Engineering, 1055-1060, ASCE, New York.

DIEHL, T.H. (1997). Potential drift accumulation at bridges, U.S. Dept. Transportation, Federal Highway Administration Report No. FHWA-RD-97-028, Washington, D.C.

DOWNS, P.W., SIMON, A. (2001), "Fluvial geomorphological analysis of the recruitment of large woody debris in the Yalobusha River network, Central Mississippi, USA", Geomorphology 37(1-2), 65-91.

FLUSSBAU AG (2009). Schwemmholzstudie Sihl [Driftwood analysis River Sihl]. Report Amt für Abfall, Wasser, Energie und Luft des Kanton Zürichs, 87 p. [in German].

FOLTYN EP and TUTHILL AM, (1996). Design of Ice Booms. Cold Regions Research and Engineering Laboratory, US Army Corps of Engineers, Cold Regions Technical Digest No 96-1, 1996

FRENCH COMMITTEE ON DAMS AND RESERVOIRS (2013). Dam spillway design guidelines. June 2013, ISBN 979-10-96371-00-6

FURLAN, P., PFISTER, M., MATOS, J., & SCHLEISS, A. J. (2018). Influence of density of large stems on the blocking probability at spillways. In 7th IAHR International Symposium on Hydraulic Structures, Aachen, Germany, 15–18 May (pp. 1–8). https://doi.org/10.15142/T3664S(978-0-692-13277-7)

FURLAN P., PFISTER M.; MATOS J., AMADO C., SCHLEISS A.J. (2018). Experimental repetitions and blockage of large stems at ogee crested spillways with piers. Journal of Hydraulic Research, 57(2): 250–262. ISSN: 0022–1686, doi: 10.1080/00221686.2018.1478897.

FURLAN, P., PFISTER, M., MATOS, J., & SCHLEISS, A. J. (2019). Blockage of driftwood and resulting head increase upstream of an ogee spillway with piers. Sustainable and Safe Dams Around the World – Tournier, Bennett & Bibeau (Eds), © 2019 Canadian Dam Association, ISBN 978-0-367-33422-2

FURLAN, P. (2019). Blocking probability of large wood and resulting head increase at ogee crest spillways. Ph.D. Thesis 9040, Ecole Polytechnique Fédérale de Lausanne.

FURLAN, P., PFISTER, M., MATOS, J., AMADO, C., & SCHLEISS, A. J. (2021). Blockage probability modeling of large wood at reservoir spillways with piers. Water Resources Research, 57, e2021wr029722. Https://doi.org/10.1029/2021wr029722

GOTLAND, K. and TESAKER, E. (1994), Clogging of Spillways by Trash. 18th ICOLD Congress, Durban, p. 468.

GREGORY, K.-J., DAVIS, R.J., TOOTH, S. (1993). Spatial-distribution of coarse woody debris dams in the Lymington Basin, Hampshire, United Kingdom. Geomorphology 6(3), 207–224.

HAGER, W.H. (1991). Experiments on standard spillway. *Proceedings of the Institution of Civil Engineers*, *91*(3), 399–416.

HARTLIEB, A., OVERHOFF, G. (2006). Die geplante Ertüchtigung der Hochwasserentlastungs-anlage an der Talsperre Grüntensee im Allgäu. *Wasserbausymposium:* Stauhaltungen und Speicher - Von der Tradition zur Moderne, Graz. Bd. 2. Technische Universität Graz. Verlag der Technischen Universität Graz: 67–79

HARTLIEB, A. (2012). Large-scale hydraulic model tests for floating debris jams at spillways. 2nd IAHR European Congress, Paper C18 (CD-Rom).

HARTLIEB, A. (2015). Schwemmholz in Fließgewässern - Gefahren und Lösungsmöglichkeiten. Berichte des Lehrstuhls und der Versuchsanstalt für Wasserbau und Wasserwirtschaft der Technischen Universität München, Heft 133 (Monographie)

HARTUNG, F. and KNAUSS, J. (1976). Considerations for Spillways Exposed to Dangerous Clogging Conditions. 12th ICOLD Congress, Mexico, p 447.

INTERNATIONAL COMMISSION ON LARGE DAMS (Draft, 2008). ICOLD paper on environmental hydraulics. The interaction of hydraulic processes and reservoirs management of the impacts through construction and operation.

INTERNATIONAL COMMISSION ON LARGE DAMS (1992). Selection of Design Flood, Current Methods. Bulletin 82.

JANSEN, R.B. (1988). Advanced Dam Engineering for Design, Construction and Rehabilitation. Van Nostrand Reinhold.

JOHANSSON, N., CEDERSTROM M., (1995), "Floating debris and spillways"

JOHANSSON, N., 2010. Floating debris and dam safety: Hydraulic model tests. CEATI Report No. T052700-0209A/4

KACZKA, R.J. (2003). The coarse woody debris dams in mountain streams of the central Europe, structure and distribution. Studia Geomorpologica Carpatho-Balancia 37, 112–127.

FLUSSBAU AG (2009). Schwemmholzstudie Sihl [Driftwood analysis River Sihl]. Report Amt für Abfall, Wasser, Energie und Luft des Kanton Zürichs, 87 p. [in German].

FOLTYN EP AND TUTHILL AM, (1996). Design of Ice Booms. Cold Regions Research and Engineering Laboratory, US Army Corps of Engineers, Cold Regions Technical Digest No 96-1, 1996

FRENCH COMMITTEE ON DAMS AND RESERVOIRS (2013). Dam spillway design guidelines. June 2013, ISBN 979-10-96371-00-6

FURLAN, P., Pfister, M., Matos, J., & Schleiss, A. J. (2018). Influence of density of large stems on the blocking probability at spillways. In 7th IAHR International Symposium on Hydraulic Structures, Aachen, Germany, 15-18 May (pp. 1–8). https://doi.org/10.15142/T3664S(978-0-692-13277-7)

FURLAN P., Pfister M.; Matos J., Amado C., Schleiss A.J. (2018). Experimental repetitions and blockage of large stems at ogee crested spillways with piers. Journal of Hydraulic Research, 57( 2): 250-262. ISSN: 0022-1686, doi: 10.1080/00221686.2018.1478897.

FURLAN, P., Pfister, M., Matos, J., & Schleiss, A. J. (2019). Blockage of driftwood and resulting head increase upstream of an ogee spillway with piers. Sustainable and Safe Dams Around the World – Tournier, Bennett & Bibeau (Eds), © 2019 Canadian Dam Association, ISBN 978-0-367-33422-2

FURLAN, P. (2019). Blocking probability of large wood and resulting head increase at ogee crest spillways. Ph.D. Thesis 9040, Ecole Polytechnique Fédérale de Lausanne.

FURLAN, P., PFISTER, M., MATOS, J., AMADO, C., & SCHLEISS, A. J. (2021). Blockage probability modeling of large wood at reservoir spillways with piers. Water Resources Research, 57, e2021wr029722. Https://doi.org/10.1029/2021wr029722

GOTLAND, K. AND TESAKER, E. (1994), Clogging of Spillways by Trash. 18th ICOLD Congress, Durban, p. 468.

GREGORY, K.-J., DAVIS, R.J., TOOTH, S. (1993). Spatial-distribution of coarse woody debris dams in the Lymington Basin, Hampshire, United Kingdom. Geomorphology 6(3), 207-224.

HAGER, W.H. (1991). Experiments on standard spillway. *Proceedings of the Institution of Civil Engineers, 91*(3), 399-416.

HARTLIEB, A., OVERHOFF, G. (2006). Die geplante Ertüchtigung der Hochwasserentlastungs-anlage an der Talsperre Grüntensee im Allgäu. *Wasserbausymposium:* Stauhaltungen und Speicher - Von der Tradition zur Moderne, Graz. Bd. 2. Technische Universität Graz. Verlag der Technischen Universität Graz: 67–79

HARTLIEB, A. (2012). Large-scale hydraulic model tests for floating debris jams at spillways. 2nd IAHR European Congress, Paper C18 (CD-Rom).

HARTLIEB, A. (2015). Schwemmholz in Fließgewässern - Gefahren und Lösungsmöglichkeiten. Berichte des Lehrstuhls und der Versuchsanstalt für Wasserbau und Wasserwirtschaft der Technischen Universität München, Heft 133 (Monographie)

HARTUNG, F. AND KNAUSS, J. (1976). Considerations for Spillways Exposed to Dangerous Clogging Conditions. 12th ICOLD Congress, Mexico, p 447.

INTERNATIONAL COMMISSION ON LARGE DAMS (Draft, 2008). ICOLD paper on environmental hydraulics. The interaction of hydraulic processes and reservoirs managements of the impacts through construction and operation.

INTERNATIONAL COMMISSION ON LARGE DAMS (1992). Selection of Design Flood, Current Methods. Bulletin 82.

JANSEN, R.B. (1988). Advanced Dam Engineering for Design, Construction and Rehabilitation. Van Nostrand Reinhold.

JOHANSSON, N., Cederstrom M., (1995), "Floating debris and spillways"

JOHANSSON, N., 2010. Floating debris and dam safety: Hydraulic model tests. CEATI Report No. T052700-0209A/4

KACZKA, R.J. (2003). The coarse woody debris dams in mountain streams of the central Europe, structure and distribution. Studia Geomorpologica Carpatho-Balancia 37, 112-127.

KAIL, J. (2005). Geomorphic effects of large wood in streams and rivers and its use in stream restoration: A central-Europe perspective. PhD Thesis, University of Duisburg-Essen, 152 p.

KELLER, E.A., SWANSON, F.J. (1979), "Effects of large organic material on channel form and fluvial PROCESSES", Earth Surf. Proc. Land. 4(4), 361–380.

KENNEDY, R.J. (1957). Forces Involved in Pulpwood Holding Ground I: Transverse Holding Grounds Without Piers.Technical Report No. 43, Pulp and Paper Research Institute of Canada, Montreal, Quebec.

KENNEDY, R.J. (1962). Manual of Forces Calculation for Pulpwood Holding Grounds.Technical Report No. 293, Pulp and Paper Research Institute of Canada, Montreal, Quebec.

KENNEDY, R.J. (1965). An Evaluation of the Performance of Booms Subjected to Wave Motion. The Water Transportation of Pulpwood II: the Protection of Pulpwood Holding Ground, Pulp and Paper Research Institute of Canada, Montreal, Quebec.

KENNEDY, R.J. and S.S. LAZIER (1965). Booms. The Water Transportation of Pulpwood III: Structures, Pulp and Paper Research Institute of Canada, Montreal, Quebec.

LAGASSE, P.F., CLOPPER, P.E., ZEVENBERGEN, L.W., SPITZ, W.J., GIRARD, L.G. (2010). Effects of debris on bridge scour. NCHRP Report Nr. 653. TRB, National Research Council, Washington, D.C.

LANGE, D., BEZZOLA, G.R. (2006). Schwemmholz: Probleme und Lösungsansätze [Driftwood: Problems and solutions]". VAW-Mitteilung 188, H.-E. Minor, ed., ETH Zurich, Zurich [in German].

LEMPERIERE, F., VIGNY, J-P. and DEROO, L. (2012). New Methods and Criteria for Designing Spillways Could Reduce Risks and Costs Significantly. Hydropower and Dams, Issue Three.

LEWIN, J., BALLARD, G. and BOWLES, D.S. (2003). Spillway Gate Reliability in the Context of Overall Dam Failure Risk. United Society of Dams, Annual Lecture, Charleston, South Carolina. April.

LUZERN. Wasser, Energie, Luft 109(4): 271–278.

MIZUYAMA T. (2008). Structural Countermeasures for Debris Flow Disasters. International Journal of Erosion Control Engineering, Vol. 1, No. 2, 2008

MIZUYAMA T. (2008). Sediment hazards and SABO works in Japan. International Journal of Erosion Control Engineering, Vol. 1, 2008

PARKER, G. (1979). Hydraulic geometry of active gravel rivers. Journal Hydraulic Div., ASCE, 105(HY9), 1185–1201.

PERHAM, R.E. (1988). Elements of floating-debris control systems. Department of Army, US Army Cold Regions Research and Engineering Lab., Tech Report REMR-HY-3, September 1988.

PIÉGAY, H., GURNELL, A.M. (1997). Large woody debris in river geomorphological patterns: Example from S.E. France and S. England. Geomorphology 19(1–2), 99–116.

PFISTER, M., CAPOBIANCO, D., TULLIS, B., SCHLEISS, A.J. (2013). Debris-Blocking sensitivity of Piano Key weirs under reservoir-type approach flow, Journal of Hydraulic Engineering, 139 (11), Doi: 10.1061/(ASCE)HY.1943–7900.0000780, pp. 1134–1141

PFISTER, M., SCHLEISS, A.J. (2015). Discharge capacity of PK-weirs considering floating wooden debris. ICOLD Congress. Stavanger. Q97-R21

PFISTER, M. DE CESARE, G., BENET L. (2019). «Impact of wooden debris on spillways during extreme events. Final report. Swiss federal office of energy (OFEN).

PFISTER, M., BÉNET L., DE CESARE, G., (2020). Effet des bois flottants obstruant un évacuateur de crue dans des conditions extrêmes. Wasser Energie Luft 112(2), 77–83.

RICKENMANN, D. (1997). Schwemmholz und Hochwasser [Driftwood and flood]. Wasser, Energie, Luft 89(5/6), 115–119 [in German].

RIMBÖCK, A. (2001). Luftbildbasierte Abschätzung des Schwemmholzpotentials (LASP) in Wildbächen [Driftwood volume estimation in mountain torrents using aerial views]. Report Nr. 91, TU Munich, Germany [in German].

RIMBÖCK, A., STROBL, T. (2001). Schwemmholzpotential und Schwemmholzrückhalt am Beispiel Partnach/Ferchenbach (Oberbayern) [Driftwood potential and retention at Partnach/Ferchenbach River]. Wildbach- und Lawinenverbau 145(65), 15–27 [in German].

KAIL, J. (2005). Geomorphic effects of large wood in streams and rivers and its use in stream restoration: A central-Europe perspective. PhD Thesis, University of Duisburg-Essen, 152 p.

KELLER, E.A., Swanson, F.J. (1979), "Effects of large organic material on channel form and fluvial processes", Earth Surf. Proc. Land. 4(4), 361-380.

KENNEDY, R.J. (1957). Forces Involved in Pulpwood Holding Ground I: Transverse Holding Grounds Without Piers.Technical Report No. 43, Pulp and Paper Research Institute of Canada, Montreal, Quebec.

KENNEDY, R.J. (1962). Manual of Forces Calculation for Pulpwood Holding Grounds.Technical Report No. 293, Pulp and Paper Research Institute of Canada, Montreal, Quebec.

KENNEDY, R.J. (1965). An Evaluation of the Performance of Booms Subjected to Wave Motion. The Water Transportation of Pulpwood II: the Protection of Pulpwood Holding Ground, Pulp and Paper Research Institute of Canada, Montreal, Quebec.

KENNEDY, R.J. AND S.S. LAZIER (1965). Booms. The Water Transportation of Pulpwood III: Structures, Pulp and Paper Research Institute of Canada, Montreal, Quebec.

LAGASSE, P.F., CLOPPER, P.E., ZEVENBERGEN, L.W., SPITZ, W.J., GIRARD, L.G. (2010). Effects of debris on bridge scour. NCHRP Report Nr. 653. TRB, National Research Council, Washington, D.C.

LANGE, D., BEZZOLA, G.R. (2006). Schwemmholz: Probleme und Lösungsansätze [Driftwood: Problems and solutions]". VAW-Mitteilung 188, H.-E. Minor, ed., ETH Zurich, Zurich [in German].

LEMPERIERE, F., VIGNY, J-P. AND DEROO, L. (2012). New Methods and Criteria for Designing Spillways Could Reduce Risks and Costs Significantly. Hydropower and Dams, Issue Three.

LEWIN, J., BALLARD, G. AND BOWLES, D.S. (2003). Spillway Gate Reliability in the Context of Overall Dam Failure Risk. United Society of Dams, Annual Lecture, Charleston, South Carolina. April.

LUZERN. Wasser, Energie, Luft 109(4): 271-278.

MIZUYAMA T. (2008). Structural Countermeasures for Debris Flow Disasters. International Journal of Erosion Control Engineering, Vol. 1, No. 2, 2008

MIZUYAMA T. (2008). Sediment hazards and SABO works in Japan. International Journal of Erosion Control Engineering, Vol. 1, 2008

PARKER, G. (1979). Hydraulic geometry of active gravel rivers. Journal Hydraulic Div., ASCE, 105(HY9), 1185-1201.

PERHAM, R.E. (1988). Elements of floating-debris control systems. Department of Army, US Army Cold Regions Research and Engineering Lab., Tech Report REMR-HY-3, September 1988.

PIÉGAY, H., GURNELL, A.M. (1997). Large woody debris in river geomorphological patterns: Example from S.E. France and S. England. Geomorphology 19(1-2), 99-116.

PFISTER, M., CAPOBIANCO, D., TULLIS, B., SCHLEISS, A.J. (2013). Debris-Blocking sensitivity of Piano Key weirs under reservoir-type approach flow, Journal of Hydraulic Engineering, 139 (11), Doi: 10.1061/(ASCE)HY.1943-7900.0000780, pp. 1134-1141

PFISTER, M., SCHLEISS, A.J. (2015). Discharge capacity of PK-weirs considering floating wooden debris. ICOLD Congress. Stavanger. Q97-R21

PFISTER, M. DE CESARE, G., BENET L. (2019). «Impact of wooden debris on spillways during extreme events. Final report. Swiss federal office of energy (OFEN).

PFISTER, M., BÉNET L., DE CESARE, G., (2020). Effet des bois flottants obstruant un évacuateur de crue dans des conditions extrêmes. Wasser Energie Luft 112(2), 77-83.

RICKENMANN, D. (1997). Schwemmholz und Hochwasser [Driftwood and flood]. Wasser, Energie, Luft 89(5/6), 115-119 [in German].

RIMBÖCK, A. (2001). Luftbildbasierte Abschätzung des Schwemmholzpotentials (LASP) in Wildbächen [Driftwood volume estimation in mountain torrents using aerial views]. Report Nr. 91, TU Munich, Germany [in German].

RIMBÖCK, A., STROBL, T. (2001). Schwemmholzpotential und Schwemmholzrückhalt am Beispiel Partnach/Ferchenbach (Oberbayern) [Driftwood potential and retention at Partnach/Ferchenbach River]. Wildbach- und Lawinenverbau 145(65), 15-27 [in German].

RINHA, J., SPANO, M. (2017). Practical consequences of dam safety re-assessment in the Czech Republic. International Journal of Hydropower and Dams, Issue 3, 2017

SCHALKO, I., SCHMOCKER, L., WEITBRECHT, V., BOES, R. (2017a). Schwemmholz: Gefahrenbeurteilung und Massnahmenplanung am Fallbeispiel Renggbach, Kanton

SCHMOCKER, L. HAGER, W.H. (2011), "Probability of drift blockage at bridge decks", Journal of Hydraulic Engineering. 137(4), 480–492.

SCHMOCKER, L., WEITBRECHT, V. (2013). Driftwood: Risk Analysis and Engineering Measures. Journal of Hydraulic Engineering, 139 (7), http://doi.org/10.1061/(ASCE)HY.1943–7900.0000728

SCHMOCKER L. 2017. "Floating debris retention racks at dam spillway". Proceedings of the 37th IAHR World Congress. Kuala Lumpur

SCHMOCKER L. BOES, R. (2018). Floating debris at dam spillways: hazard analysis and engineering measures. ICOLD Congress. Vienna. Q101-R15

SHAWINIGAN CONSULTANTS (1982) ; 'Analysis of procedures used in the design of loga and trash booms to protect hydroelectric intakes', Canadian Electric Association

SÖDERSTRÖM, A. (2014). Ritning av Halvfari läns. Sweco Energy

SODERSTROM, A., HANSSON, M., JOHANSSON, M., CARLSSON, V. (2014). Spatial Analysis to Identify Sources of Debris (Trees) Along Hydropower Rivers, Case Study Pite River, Sweden. International Symposium on Dams in Global Environmental Challenges, Bali, Indonesia, June 1–6, 2014.

STEEB, N., RICKENMANN, D., RICKLI, C., BADOUX A. & WALDNER, P. (2016). Size reduction of large wood in steep mountain streams. River Flow 2016, 2320–2325.

STOCKER, B., LAIS, A., SCHALKO, I., BOES, R.M. (2022). Backwater rise due to large wood accumulation at protruding piers of dam spillways. Proc. of the 39th IAHR World Congress Granada, Spain, 2300–2306, https://doi.org//10.3850/IAHR-39WC252171192022698.

TUTHILL, ANDREW M. (2002). Ice-Affected Components of Locks and Dams. US Army Corps of Engineers Engineer Research and Development Center, TR-02–4, February.

UCHIOGI, T., SHIMA, J., TAJIMA, H., ISHIKAWA, Y. (1996). Design methods for wood-debris entrapment. Intl. Symp. Interpraevent 5, 279–288.

UNITED STATES ARMY CORPS OF ENGINEERS (1987). Hydraulic Design Criteria. United States Army Corps of Engineers, Waterways Experiment Station, Vicksburg, MI.

UNITED STATES ARMY CORPS OF ENGINEERS (1997). Debris Control ay Hydraulic Structures in Selected Areas of the United States and Europe. Report CHL-97-4, December.

UNITED STATES ARMY CORPS OF ENGINEERS (2000). Debris Method-Los Angeles District Method for prediction of debris yield. February.

UNITED STATES ARMY CORPS OF ENGINEERS (2002). Ice Engineering, Engineering and Design. EM 1110–2–1612, US Army Corps of Engineers, 30 October.

UNITED STATES BUREAU OF RECLAMATION (1992), "Investigation of Debris and Safety Boom Alternatives for Bureau Reclamation Use", Report R-92–4, February.

UNITED STATES DEPARTMENT OF TRANSPORTATION, FEDERAL HIGHWAY ADMINISTRATION (2005), "Debris Control Structures-Evaluation and Countermeasures," Third Edition.

VAW. (2022). Schwemmholz am Mauerüberfall von Talsperren ('Large wood at dam overflow spillways') Laboratory of Hydraulics, Hydrology and Glaciology, ETH Zurich ; downloadable from www.aramis.admin.ch (in German).

WAHL, TONY L (1992). Investigation of Design and Safety Boom Alternatives for Bureau of Reclamation Use, R-92–04, Hydraulics Branch, Research and Laboratory Services Division, Denver Office, Denver Colorado, US Department of the Interior, Bureau of Reclamation, February 1992

WALDNER, P., KÖCHLI, D., USBECK, T., SCHMOCKER, L., SUTTER, F., RICKLI, C., RICKENMANN, D., LANGE, D., HILKER, N., WIRSCH, A., SIEGRIST, R., HUG, C., KAENNEL, M. (2010). Schwemmholz des Hochwassers 2005 [Driftwood during the 2005 flood event]. Final Report. Federal Office for the Environment FOEN, Swiss Federal Institute for Forest, Snow and Landscape Research WSL, Birmensdorf [in German].

RINHA, J., SPANO, M. (2017). Practical consequences of dam safety re-assessment in the Czech Republic. International Journal of Hydropower and Dams, Issue 3, 2017

SCHALKO, I., SCHMOCKER, L., WEITBRECHT, V., BOES, R. (2017a). Schwemmholz: Gefahrenbeurteilung und Massnahmenplanung am Fallbeispiel Renggbach, Kanton

SCHMOCKER, L. HAGER, W.H. (2011), "Probability of drift blockage at bridge decks", Journal of Hydraulic Engineering. 137(4), 480-492.

SCHMOCKER, L., Weitbrecht, V. (2013). Driftwood: Risk Analysis and Engineering Measures. Journal of Hydraulic Engineering, 139 (7), http://doi.org/10.1061/(ASCE)HY.1943-7900.0000728

SCHMOCKER L. 2017. "Floating debris retention racks at dam spillway". Proceedings of the 37th IAHR World Congress. Kuala Lumpur

SCHMOCKER L. BOES, R. (2018). Floating debris at dam spillways: hazard analysis and engineering measures. ICOLD Congress. Vienna. Q101-R15

SHAWINIGAN CONSULTANTS (1982); 'Analysis of procedures used in the design of loga and trash booms to protect hydroelectric intakes', Canadian Electric Association

SÖDERSTRÖM, A. (2014). Ritning av Halvfari läns. Sweco Energy

SODERSTROM, A., HANSSON, M., JOHANSSON, M., CARLSSON, V. (2014). Spatial Analysis to Identify Sources of Debris (Trees) Along Hydropower Rivers, Case Study Pite River, Sweden. International Symposium on Dams in Global Environmental Challenges, Bali, Indonesia, June 1-6, 2014.

STEEB, N., RICKENMANN, D., RICKLI, C., BADOUX A. & WALDNER, P. (2016). Size reduction of large wood in steep mountain streams. River Flow 2016, 2320-2325.

STOCKER, B., LAIS, A., SCHALKO, I., BOES, R.M. (2022). Backwater rise due to large wood accumulation at protruding piers of dam spillways. *Proc. of the 39th IAHR World Congress* Granada, Spain, 2300-2306, https://doi.org//10.3850/IAHR-39WC252171192022698.

TUTHILL, ANDREW M. (2002). Ice-Affected Components of Locks and Dams. US Army Corps of Engineers Engineer Research and Development Center, TR-02-4, February.

UCHIOGI, T., SHIMA, J., TAJIMA, H., ISHIKAWA, Y. (1996). Design methods for wood-debris entrapment. Intl. Symp. Interpraevent 5, 279-288.

UNITED STATES ARMY CORPS OF ENGINEERS (1987). *Hydraulic Design Criteria*. United States Army Corps of Engineers, Waterways Experiment Station, Vicksburg, MI.

UNITED STATES ARMY CORPS OF ENGINEERS (1997). Debris Control ay Hydraulic Structures in Selected Areas of the United States and Europe. Report CHL-97-4, December.

UNITED STATES ARMY CORPS OF ENGINEERS (2000). Debris Method-Los Angeles District Method for prediction of debris yield. February.

UNITED STATES ARMY CORPS OF ENGINEERS (2002). Ice Engineering, Engineering and Design. EM 1110-2-1612, US Army Corps of Engineers, 30 October.

UNITED STATES BUREAU OF RECLAMATION (1992), "Investigation of Debris and Safety Boom Alternatives for Bureau Reclamation Use", Report R-92-4, February.

UNITED STATES DEPARTMENT OF TRANSPORTATION, FEDERAL HIGHWAY ADMINISTRATION (2005), "Debris Control Structures-Evaluation and Countermeasures," Third Edition.

VAW. (2022). Schwemmholz am Mauerüberfall von Talsperren ('Large wood at dam overflow spillways') Laboratory of Hydraulics, Hydrology and Glaciology, ETH Zurich; downloadable from www. aramis.admin.ch (in German).

WAHL, TONY L (1992). Investigation of Design and Safety Boom Alternatives for Bureau of Reclamation Use, R-92-04, Hydraulics Branch, Research and Laboratory Services Division, Denver Office, Denver Colorado, US Department of the Interior, Bureau of Reclamation, February 1992

WALDNER, P., KÖCHLI, D., USBECK, T., SCHMOCKER, L., SUTTER, F., RICKLI, C., RICKENMANN, D., LANGE, D., HILKER, N., WIRSCH, A., SIEGRIST, R., HUG, C., KAENNEL, M. (2010). Schwemmholz des Hochwassers 2005 [Driftwood during the 2005 flood event]. Final Report. Federal Office for the Environment FOEN, Swiss Federal Institute for Forest, Snow and Landscape Research WSL, Birmensdorf [in German].

WALKER, K. HASENBAL, J. MONAHAN, S. SPRAGUE, N. (2018). Physical model of spillway and reservoir debris interaction. USSD

WALKER, K. HASENBAL, J. MONAHAN, S. SPRAGUE, N. (2018). Physical model of morning glory spillway and reservoir debris interaction. USSD

WALLERSTEIN, N. and THORNE, C.R. (1995). Debris Control at Hydraulic Structures in Selected Areas of Europe. U.S. Army Research Development & Standardization Group-UK, London, Project No.WK2Q5C-7793-EN01

WALLERSTEIN, N.P., THORNE, C.R., ABT, S.R. (1996). Debris control at hydraulic structures management of woody debris in natural channels and at hydraulic structures.

WALLERSTEIN, N, THORNE, CR and ABT, SR. (1997). Debris Control at Hydraulic Structures in Selected Area of the United States and Europe. Contract Report CHL-97-4, USmy Research Development and Standardisation Group UK, London England, December 1997.

WESTERN CANADA HYDRAULIC LABORATORIES LIMITED (WCHL) (1989), "Hydraulic Model Studies of Cowlitz Falls Dam", July.

WSL (2006). Einfluss ufernaher Bestockungen auf das Schwemmholzaufkommen in Wildbächen [Effect of bankside wood on the driftwood potential]. Report. Federal Office for the Environment FOEN, 95 p. [in German].

YALIN, M.S. (1992), River mechanics. Pergamon Press, Oxford and New York.

ZOLLINGER, F. (1983). Die Vorgänge in einem Geschiebeablagerungsplatz. *Doktorarbeit* Nr. 7419, ETH Zürich

WALKER, K. HASENBAL, J. MONAHAN, S. SPRAGUE, N. (2018). Physical model of spillway and reservoir debris interaction. USSD

WALKER, K. HASENBAL, J. MONAHAN, S. SPRAGUE, N. (2018). Physical model of morning glory spillway and reservoir debris interaction. USSD

WALLERSTEIN, N. AND THORNE, C.R. (1995). Debris Control at Hydraulic Structures in Selected Areas of Europe. U.S. Army Research Development & Standardization Group-UK, London, Project No.WK2Q5C-7793-EN01

WALLERSTEIN, N.P., THORNE, C.R., ABT, S.R. (1996). Debris control at hydraulic structures management of woody debris in natural channels and at hydraulic structures.

WALLERSTEIN, N, THORNE, CR AND ABT, SR. (1997). Debris Control at Hydraulic Structures in Selected Area of the United States and Europe. Contract Report CHL-97-4, USmy Research Development and Standardisation Group UK, London England, December 1997.

WESTERN CANADA HYDRAULIC LABORATORIES LIMITED (WCHL) (1989), "Hydraulic Model Studies of Cowlitz Falls Dam", July.

WSL (2006). Einfluss ufernaher Bestockungen auf das Schwemmholzaufkommen in Wildbächen [Effect of bankside wood on the driftwood potential]. Report. Federal Office for the Environment FOEN, 95 p. [in German].

YALIN, M.S. (1992), River mechanics. Pergamon Press, Oxford and New York.

ZOLLINGER, F. (1983). Die Vorgänge in einem Geschiebeablagerungsplatz. *Doktorarbeit* Nr. 7419, ETH Zürich

For Product Safety Concerns and Information please contact our EU
representative  GPSR@taylorandfrancis.com
Taylor & Francis Verlag GmbH, Kaufingerstraße 24, 80331 München, Germany